国家出版基金项目
NATIONAL PUBLICATION FOUNDATION

中国水獭

在人类的边缘复苏

韩雪松　吕植　主编

北京大学出版社
PEKING UNIVERSITY PRESS

人与自然和谐共生行动研究 I Action Research on People and Nature I 丛书主编 吕植

图书在版编目（CIP）数据

中国水獭：在人类的边缘复苏/韩雪松，吕植主编. —北京：北京大学出版社，2023.5

（人与自然和谐共生行动研究. I）

ISBN 978-7-301-33898-8

Ⅰ.①中… Ⅱ.①韩… ②吕… Ⅲ.①水獭–研究–中国 Ⅳ.①Q959.838

中国国家版本馆CIP数据核字（2023）第061474号

书 名	中国水獭：在人类的边缘复苏	
	ZHONGGUO SHUITA：ZAI RENLEI DE BIANYUAN FUSU	
著作责任者	韩雪松　吕植　主编	
责任编辑	黄　炜	
标准书号	ISBN 978-7-301-33898-8	
出版发行	北京大学出版社	
地　　址	北京市海淀区成府路205号　100871	
网　　址	http：//www.pup.cn　　新浪微博：@北京大学出版社	
电子信箱	zpup@pup.cn	
电　　话	邮购部010-62752015　发行部010-62750672　编辑部010-62764976	
印刷者	北京宏伟双华印刷有限公司	
经销者	新华书店	
	720毫米×1020毫米　16开本　16.75印张　247千字	
	2023年5月第1版　2023年5月第1次印刷	
定　　价	80.00元	

"人与自然和谐共生行动研究 I"
丛书编委会

主　编　吕　植

副主编　史湘莹

编　委（以姓氏拼音为序）

本书编委会

主　　编	韩雪松　吕　植	
编　　著	山水自然保护中心	
	北京大学自然保护与社会发展研究中心	
编　　委	李　飞　张　璐　果洛·更尕仓洋	
	张廖年鸿　黄亚慧　邢　睿　栾晓峰	
	陆祎玮　曹桓菘　戎灿中　李　成	
	卞晓星　林　萧　邓星羽　李宏奇	
	王　迪　周嘉鼎　史湘莹　赵　翔	
资料整理	汤飘飘　李雪阳　董正一　徐宁歆	
制　　图	韩雪松　韩李李　董正一	

支持机构

特别鸣谢

序

　　2018年3月，我作为北京山水自然保护中心的员工，在青海玉树开始了人生的第一份工作。工作的主要内容之一，便是对穿玉树而过的巴塘河中的欧亚水獭种群进行调查与保护。然而，此前我对于水獭这一类群几乎是一无所知的。因此，当接下这份工作后，除去硬着头皮随着奔涌的巴塘河向前走外，似乎再无其他办法。

　　但是，日复一日的调查中，不断出现在眼前的痕迹却让我意识到，水獭似乎远没有先前想象的那般羞怯——高耸岩石上留下的粪便，巨石掩映下沙地的刨痕，急流回水处岸边的鱼骨，以及无数份红外相机影像中匆匆而过的身影……它从没有试图去隐藏自己的行踪，恰恰相反，而是在用自己的语言和方式昭示着对于河岸的占有。自然而然地，我也便开始去猜想和揣测，水獭在这一条泾流中的踪影，及其族群在人类历史长河中的兴盛与衰败。

　　毫无疑问，水獭是可爱而充满魅力的。对于中国人，它也从不是陌生的动物，"雨水之日，獭祭鱼，后五日，鸿雁来，后五日，草木萌动"（《逸周书》），在两千多年前，水獭的行为甚至还被作为孟春到来的物候而被仔细地留意。然而，或因噬鱼，或因骨肉，或因毛皮，曾几乎遍布全国的水獭在数百年的屠戮之下如今仅蜷存在几个偏僻的角落。更加可悲的是，这个在中国历史上曾陪伴了我们数千年的可爱生命，在今天似乎被彻底地忘却了，甚至有人都不能正确唤出"水獭"的名字。

　　可是，水獭无疑是至关重要的。作为河岸生态系统的顶级捕食者，水獭直接调控着河流中鱼类的种群，进而维持着生态系统的健康；作为河流保护的旗舰物种，在许多地方水獭更是公众关心河流、认识河流和了解河流的契机与窗口，这一点对于今日中国河流生态系统所面临的关注缺乏的困境尤为重要。此外，在更广阔的尺度上，水獭或许还具备无可替代的作用。

进入21世纪以来，随着生态文明建设的持续推进，环境保护修复工作的大力开展，特别是在实施如"十年禁渔计划""长江大保护"与"黄河大保护"等国家保护战略后水环境的改善与鱼类种群的恢复，销声匿迹了近半个世纪的欧亚水獭，终于开始从人类的边缘，陆续回到它们曾经栖居的江河当中。因此，正如在很多地方所发生的那样，当欧亚水獭在围观之下泰然自若、无忧无虑地在城市河道当中"临渊驱鱼"时，它能否消弥当前公众对食肉动物的恐惧，进而成为公众认同、接纳甚至期盼食肉动物回归的"垫脚石"呢？滨水而居，滑稽可爱，不存在潜在的伤人或致病风险——欧亚水獭显然是具备这样的潜力的。

正因如此，为增进公众对水獭这一古老而可爱类群的关注与了解，2019年末，汇聚了国内众多从事水獭调查、研究和保护一线工作者知识、经历和心血的《中国水獭调查与保护报告》在广州发布。最终，以这一报告为蓝本与基础，通过对大量历史文献、科学研究成果、媒体及社交媒体信息等的搜罗与整理，结合在中国野外从事水獭保护的研究者和行动者所提供的第一手资料，《中国水獭：在人类的边缘复苏》就此成型。借此书，希望在最大限度上还原水獭这一类群在中国历史上的起伏与兴衰，以及在当前背景下所面临的机遇与挑战，并希望当有朝一日水獭真正地获得其应有的关注时，这本书能够成为一盏发着微光的街灯，支撑关心水獭的人不断穿破迷雾，结伴前行。

我谨代表所有编者，在此感谢孙戈博士、朱磊博士、周嘉鼎博士、郭玉民博士、依严先生、杨祎先生、巫嘉伟先生、阿旺先生、王建和先生、喻靖霖先生、黄建先生、李德福先生、刘曙光先生、张永普先生、陈奕宁先生慷慨分享各地的水獭信息，感谢北京大学出版社黄炜编辑的悉心校对和耐心沟通，没有诸位的帮助，本书绝难成型。最后，由衷感谢参与和支持本书编写的伙伴与机构，感恩我们一同度过的和尚未到来的美妙时光。

2023年4月22日于北京大学

缩 略 语

一、会议与规划

党的十七大：中国共产党第十七次全国代表大会

党的十八大：中国共产党第十八次全国代表大会

"九五"计划：第九个五年计划，1996—2000年中国国民经济和社会发展的计划

"十二五"规划：中华人民共和国国民经济和社会发展第十二个五年规划纲要（2011－2015年）

二、行政区与政府机构

玉树州：青海省玉树藏族自治州

怒江州：云南省怒江傈僳族自治州

贡山县：云南省怒江傈僳族自治州贡山独龙族怒族自治县

西双版纳州：云南省西双版纳傣族自治州

德宏州：云南省德宏傣族景颇族自治州

迪庆州：云南省迪庆藏族自治州

果洛州：青海省果洛藏族自治州

海北州：青海省海北藏族自治州

甘孜州：四川省甘孜藏族自治州

凉山州：四川省凉山彝族自治州

阿坝州：四川省阿坝藏族羌族自治州

林草局：林业和草原局

三、企业组织

荒野新疆：新疆维吾尔自治区青少年发展基金会荒野新疆公益专项基金

守护荒野：乌鲁木齐市沙区荒野公学自然保护科普中心

山水共和：北京山水共和文化传播有限公司

原上草自然保护中心：青海省原上草自然保护中心

四、法规与名录

《稀有生物保护办法》：《规定古迹、珍贵文物图书及稀有生物保护办法并颁发"古文化遗址及古墓葬之調查发掘暂行办法"令》

《IUCN红色名录》：《世界自然保护联盟濒危物种红色名录》

目　　录

第一章

水獭在中国：淡水生态系统的顶级捕食者

一、总述

　　水獭是哺乳纲食肉目（Carnivora）鼬科（Mustelidae）水獭亚科（Lutrinae）动物的统称，全球现存共7属13种，几乎占据了除大洋洲和南极洲外全球各种类型的水生环境。

　　在北美洲，有广泛分布于各种水体当中的北美水獭（North America river otter, *Lontra canadensis*），以及分布于太平洋北岸和东岸，可直接饮用海水、利用工具在海洋中取食棘皮动物和软体动物的海獭（sea otter, *Enhydra lutris*）；跨过巴拿马地峡，在全球生物多样性最丰富的南美洲大陆，有群居在密林缓慢溪流当中、几乎专性食鱼的巨獭（giant otter, *Pteronura brasiliensis*），生活在中美洲和南美洲各种水体当中，主食移动缓慢的底栖鱼类的长尾水獭（neotropical otter, *Lontra longicaudis*），栖息于南美洲最南部、独居并主食蟹类的智利水獭（southern river otter, *Lontra provocax*）以及栖息于南太平洋东岸并完全适应海洋生活的秘鲁水獭（marine otter, *Lontra felina*）；在非洲，有广泛分布于撒哈拉以南开阔水域中营集群生活的斑颈水獭（spotted-necked otter, *Hydrictis maculicollis*），小爪水獭属中体型最大、群居、主食蟹类的非洲小爪水獭（cape clawless otter, *Aonyx capensis*），以及独居在雨林当中主食蚯蚓的刚果小爪水獭（Congo clawless otter, *Aonyx congicus*）；撒哈拉沙漠以北的非洲和广袤的亚欧大陆的各种水域当中，生活着世界上分布范围最广、已知栖息海拔最高的欧亚水獭（Eurasian otter, *Lutra lutra*），在南亚至东南亚，则栖息有集群围捕鱼类、偏爱石质水滨的江獭（smooth-coated otter, *Lutrogale perspicillata*），体型最小、集群生活并主食蟹类的亚洲小爪水獭（Asian small-clawed otter, *Amblonyx cinereus*），以及分布局限于东南亚并最不为人知的毛鼻水獭（hairy-nosed otter, *Lutra sumatrana*）（Kruuk, 2006; de Ferran et al., 2022）。

　　在中国，一共有3种水獭的记录，分别是欧亚水獭、亚洲小爪水獭以及江獭。其中，欧亚水獭是中国分布范围最广的水獭——从青藏高原到东南沿海，从北方森林到热带雨林，历史上除在宁夏没有记录外，几乎遍布所有省、自治区、直辖市（Li et al., 2018; Zhang et al., 2018）；亚洲小爪水獭，因其主要分布于热带及亚热带地区的河流等水域当中，在中国，主要发现于海南、云南以及广西的亚热带及热带雨林地区（张荣祖，1997）；至于江獭，20世纪末在我国云南边境地区以及广东沿海的上川岛有过零星记录（高耀亭，1987；张荣祖，1997），其后仅于2014年4月有一笔在藏南娘姆江曲河谷中的两只个体的活动记录（Medhi et al., 2014）。

在分类上，欧亚水獭（图1.1）属水獭属（*Lutra*），大约在230万年前和与其同属的毛鼻水獭发生分异（de Ferran et al., 2022）。由于其广泛的分布，欧亚水獭历史上曾有过28个亚种的报道，但目前仅其中的12个亚种得到了较为广泛的认可（Hung et al., 2014）。亚洲小爪水獭原先被认为与非洲小爪水獭、刚果小爪水獭同属于小爪水獭属（*Aonyx*），但在2017年于新加坡发现一只含有亚洲小爪水獭线粒体DNA的杂交江獭（Moretti et al., 2017），证实二者间的亲缘关系或许并不如原先设想的那样遥远。2022年，在一项对水獭亚科13个种的系统发生学研究中，亚洲小爪水獭（图1.2）被从小爪水

图1.1　欧亚水獭（摄影/韩雪松）

图1.2　亚洲小爪水獭（摄影/Nathaniel Yeo）

獭属独立出来，成为亚洲小爪水獭属（*Amblonyx*）——仅含有亚洲
小爪水獭1个种的单型属（de Ferran et al.，2022），其下含有6个
亚种（Rosli et al.，2014）。与之类似，江獭（图1.3）也是江獭属
（*Lutragale*）的唯一种，同与其有亲缘关系的亚洲小爪水獭在约140
万年前发生分化。目前，江獭仅有3个亚种的报道。3种水獭的亚种分
布将在下文详述。

图1.3　江獭（摄影/ Jeffery Teo）

在物种起源上，根据最新的系统发生学研究，水獭亚科大致从1100万年前开始同鼬科的其他类群出现分异。从化石证据来看，水獭属最早的化石证据可以追溯到大约580万年前的*Lutra affinis*，其在晚中新世的希腊和西班牙以及早上新世的法国有过记录（Koufos，2011；Montoya et al.，2011）。2022年时，埃塞俄比亚出土了已知的迄今为止最大的水獭化石——这种水獭是生活在350万年前至250万年前的*Enhydriodon omoensis*，体型接近一头现代雄狮，而体重约达200 kg，在当时是一种强悍的陆生食肉动物（Grohé et al.，2022）。对中国的3种水獭而言，在巴基斯坦上西瓦利克群的更新世沉积物中发现的*Lutra palaeindica*化石被认为是水獭属现存的两个物种，即欧亚水獭和毛鼻水獭的直接祖先（Willemsen，2006）——据目前已知的信息，欧亚水獭起源于亚洲并在晚更新世和早全新世期间扩散至欧洲及非洲北部（Willemsen，1992）。Dubois（1908）曾将来自爪哇的一块早更新世下颌骨碎片化石鉴定为*Lutra palaeoleptonyx*，并认为它是亚洲小爪水獭的祖先，但在后来被证实为江獭的祖先物种，并更名为*Lutrogale palaeoleptonyx*（Willemsen，1986；Ajisha，2015）；2017年，在新加坡曾发现江獭与亚洲小爪水獭的杂交个体，而随后亚洲小爪水獭和江獭被证明为亲缘关系较近的姐妹种（Moretti et al.，2017）。至于亚洲小爪水獭，目前仍无确凿的化石记录（van Zyll de Jong，1987），据推断其可能起源于中国的一种小爪水獭*Aonyx aonychoides*（Radinsky，1968），并在晚中新世演化形成（Koepfli et al.，1998）。

在漫长的历史中，不同的栖息环境使得各水獭种演化出了不同的体型。就在中国栖息的3种水獭而言，欧亚水獭两性间差异较大，雄性可比雌性重约50%（Larivière et al.，2009）——雄性体重为5.4～11.4 kg，头体长60～90 cm，尾长36～47 cm，而雌性体重仅为3.3～7.6 kg，头体长59～70 cm，尾长35～42 cm（Conroy et al.，2000；Macdonald，1993）。亚洲小爪水獭作为体型最小的水獭物种，体重仅2.7～5.4 kg，头体长41～64 cm，尾长25～31 cm（Timmis，1971；Mason et al.，1986）。至于江獭，正如其英文名smooth-coated otter所描述的，比其他水獭拥有更短且更为光滑的毛皮，体重通常7～11 kg，头体长59～64 cm，尾长37～43 cm（Hwang et al., 2005）。三种水獭形态差异见图1.4。

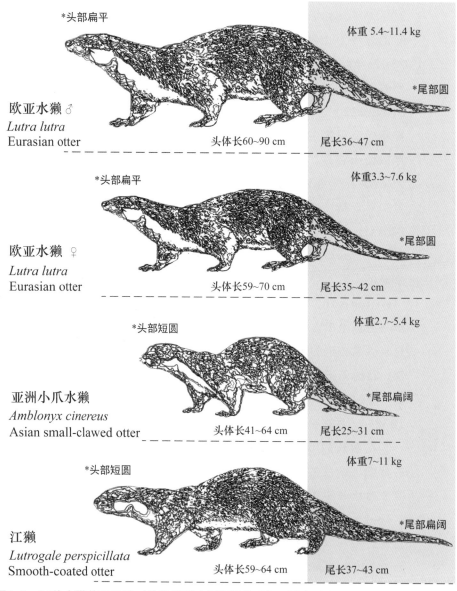

*头部扁平

体重 5.4~11.4 kg

*尾部圆

欧亚水獭 ♂
Lutra lutra
Eurasian otter

头体长60~90 cm　　尾长36~47 cm

*头部扁平

体重3.3~7.6 kg

*尾部圆

欧亚水獭 ♀
Lutra lutra
Eurasian otter

头体长59~70 cm　　尾长35~42 cm

*头部短圆

体重2.7~5.4 kg

*尾部扁阔

亚洲小爪水獭
Amblonyx cinereus
Asian small-clawed otter

头体长41~64 cm　　尾长25~31 cm

体重7~11 kg

*头部短圆

*尾部扁阔

江獭
Lutrogale perspicillata
Smooth-coated otter

头体长59~64 cm　　尾长37~43 cm

图1.4　三种水獭外观差异（仿嘉道理农场暨植物园）（数据来源：Timmis, 1971; Mason et al., 1986; Macdonald, 1993; Connoy et al., 2000; Larivière et al., 2009）

　　虽然体型有所不同，但在数百万年的演化历史中，对于水环境的依赖使得它们具备了许多相同或相似的特征。例如，身体细长，毛皮光滑防水，尾长而粗壮，足趾间演化出足蹼以利划水，可以为运动提供稳定强劲的动力（图1.5）；头部宽阔，嘴端生有长须，听觉、视觉及嗅觉等感官均十分发达，以便在水生或滨水环境下寻找食物、发现敌害；同时，鼻孔和耳孔均具瓣膜，使其在水中活动时可以通过关闭开孔防止水流浸入腔道等（Kruuk, 2006）。此外，同其他鼬科动物类似，水獭在体表、趾间以及肛周等多处具有气味腺，常通过排便、刨坑、刮蹭岩石以及在地面摩擦或滚动等方式留下气味，以进行领地的标记和个体间信息的传递（Shariff, 1984; Kruuk, 2006; Kuhn et al., 2010）。

图1.5　水獭流线型的身体可减少在水中游动的阻力（摄影/Ray Harrington）

同体型接近的哺乳动物相比，水獭基础代谢明显较高（Kruuk，2006）。例如，欧亚水獭的平均体温为38.1°C，并会因环境的不同而在35.9～40.4°C间变化（Kruuk et al., 1997）。在进入寒冷水体后，由于四肢上热量的散失（并非躯干），水獭体温每小时会降低约2.3°C（Kruuk et al., 1997）。尽管如此，其耳周及口鼻处的温度却从未降至15°C以下，这或许是保持感官功能正常的需求（Kuhn et al., 2009）。在地面时，欧亚水獭的静息代谢率约为4.1 W/kg（比类似大小的陆地哺乳动物高38%～48%），而在水中可升高至约6.4 W/kg（Pfeiffer et al., 1998; Kruuk, 2006）。相比之下，亚洲小爪水獭的体温通常在37～38°C之间（Cuculescu-Santana et al., 2017），但静息代谢率高于欧亚水獭：陆上静息代谢率约为5 W/kg，水中静息代谢率约为9.1 W/kg，而在水中捕食时则可升高至17.6 W/kg（Borgwardt et al., 1999）。

对于分布范围最广的欧亚水獭而言，对寒冷环境的适应使其演化出了许多独特的特征。在北欧和亚洲高纬度和高海拔的水环境中，夏季水温常低于20°C，冬季则接近0°C（Kruuk et al., 1997），而厚实的毛皮则是其主要的热绝缘机制（Kruuk, 2006）。欧亚水獭体表的毛发密度可达70 000根/cm^2，并可以通过吸纳空气来隔绝外界温度的影响，调节体温（Kuhn et al., 2010）。为保证体温调节的效果，欧亚水獭的毛发会在一年中进行持续性的脱换（并非如一般哺乳动物一样有明确的换毛期）（Kruuk, 2006; Kuhn et al., 2010），而对毛发的修饰和干燥通常在其活动地点周边不受干扰的地方进行（Erlinge, 1967）。相比之下，江獭和亚洲小爪水獭相对较短的毛发则更有利于其在靠近热带的环境中的热量调节（Kruuk, 2006）（图1.6）。

正因如此，各种水獭凭借其对水生环境的完美适应，成功地成为除南极洲和大洋洲外全球各大洲半水生生态系统中的顶级捕食者（Kruuk, 2006）。此外，由于对水源污染与鱼类种群变化有较为敏感的感知，水獭常被当作淡水生态系统的指示物种（Ruiz-Olmo et al., 1998），同时也被视为区域河流、湿地、湖泊等水生环境保护的旗舰物种（Bifolchi et al., 2005; Cianfrani et al., 2011）。

图1.6　江獭的毛发明显更短，正如其英文名称smooth-coated otter所描述的（摄影/ Mark Stoop）

二、栖息地及利用

　　栖息地的异质性导致水獭的祖先物种在形态上出现了分异，而由此衍生出的不同适应性特征又使得其更为专一和排他地趋向于差异化的环境。在此过程当中，偏好和适应于不同环境条件的栖息地的种群特征被放大，随后进一步固化了其特定的栖息地偏好，最终经过数百万年的演化后，生殖隔离出现，新的物种形成。以我们今日的视角去审视在中国生存的3种水獭，可以清楚地感知到它们在形态上的分异是如何去适应不同的生活环境的。

　　其中，欧亚水獭独居夜行（Kruuk，2006），在中国几乎栖息于各种类型的水生环境当中，包括湖泊（如西藏色林错）、水库（如金门岛水库）、河流（如青海通天河）、溪流（如广东西枝江）、湿地沼泽（如青海隆宝滩）以及沿海区域（如珠江口横琴岛），而对栖息地大小、纬度、海拔等因素似乎并不十分挑剔，对各种类型的水生环境表现出了很强的适应性（Mason et al., 1986; Jamwal et al., 2016）（图1.7）——如在高达4653 m的三江源地区（山水自然保护中心未发表数据）和4572 m的羌塘地区（Bian et al., 2020），同样有欧亚水獭栖息的记录。相比之下，亚洲小爪水獭社会性较强，常夜间或晨昏出没于各种类型的天然或人工栖息地（Foster-Turley, 1992; Hussain et al., 2011），更倾向于使用流速较慢的水体，包括蜿蜒的河流、小溪、泥潭沼泽、红树林、潮岸、水稻田、灌溉水渠和鱼塘等（Aadrean et al., 2018）。

图1.7　中国不同的水獭栖息地（摄影/卞晓星，李飞，李成，韩雪松，李宏奇）

　　水獭的活动大部分时间内局限在陆地同水体之间的狭窄区域，通常在河岸边有植被覆盖和岩石罅隙的地点休息（Kruuk, 1995），且很少冒险离开水体2 km以上（Kruuk, 2006）。在欧洲进行的研究表明，在欧亚水獭的大部分栖息地内，河岸植被状况常常是决定其分布的重要因素，从而表明欧洲河岸植被在水獭栖息地选择中发挥重要作用（Mason etal., 1986）。欧亚水獭的生态幅较宽，对于不同类型的生境均具有较高的容忍度，例如，在三江源地区的水獭栖息地中，欧亚水獭对河岸两侧植被的状况似乎并不在意（Wang et al., 2021）。不过，河岸附近或树根之间的洞穴、密集的岩石、木头等场所对于欧

亚水獭的繁殖往往起到决定性的作用（Kruuk, 1995）（图1.8）。在
沿海地区分布的欧亚水獭，其活动地点，特别是洞穴的位置，则通常
与淡水的分布密切相关（Kruuk et al., 1989; Beja, 1992; 王勇军
等，1999）。

图1.8 青海玉树巴塘河流域的欧亚水獭栖息地——相比河岸植被，冰川作用堆
砌的巨石似乎更为重要（摄影/韩雪松）

对于亚洲小爪水獭（图1.9），由于食性的差异（主食蟹类等无
脊椎动物），相比于水流较大、流速较快的河流，其往往更加偏好于
在水流较缓的支流、山涧溪流甚至静水中活动（Perinchery et al.,
2011），经常使用的溪流宽度通常不足5 m（Wright et al., 2021）。
同时，亚洲小爪水獭也非常青睐小型的水塘（Perinchery, 2008），有
时甚至会跑到距离溪流较远的稻田之中活动（Kruuk et al., 1994）。
在稻田中，亚洲小爪水獭往往选择流速缓慢、宽度不足2 m且植被覆
盖较差的灌溉渠活动（Melisch et al., 1996）。在某些地区，亚洲小
爪水獭也会在红树林以及湖泊中活动（Hussain et al., 2011）。在中
国，亚洲小爪水獭主要记录于山区溪流中（Li et al., 2019）。

图1.9　红外相机拍摄到的亚洲小爪水獭（来源/嘉道理农场暨植物园）

　　至于江獭，可能是体型较大、集群较大等原因，它们通常在日间活动，且在捕食时群体成员会合作围捕较大的鱼类（Wayre，1978；Shariff，1984；Foster-Turley，1992；Kruuk et al.，1994）。依据对其现存栖息地的研究，江獭主要生活在低地和洪泛平原的各种水生环境当中（Hussain et al.，1997），对不同类型的栖息地均表现出较强的适应性（Hussain et al.，2018），并尤为偏爱大河、湖泊、沼泽、沿海红树林、河口和水稻田等栖息地（Foster-Turley，1992）。例如，在南亚次大陆，江獭已经适应栖息于印度西北部和德干高原的半干旱地区（Prater et al.，1971），而在旁遮普平原则出现在比亚斯河、苏特莱杰河、拉维河流域以及哈里科湿地当中（Khan et al.，2014）；在巴基斯坦，信德省的洪泛平原、旁遮普省以及印度河畔都可以见到江獭的身影（Hussain et al.，2018）；在南亚，江獭栖息在尼泊尔水流较缓的纳拉扬尼河中；在东南亚，江獭对水稻田表现出了明显的偏好（Foster-Turley，1992，Melisch et al.，1996），在马来西亚喜欢栖息于红树林当中（Shariff，1984），在泰国湾通常栖息于传统的水产养殖池塘，但在印度尼西亚西爪哇却对红树林、潮汐河段和水稻田均表现出了较强的偏好（Melisch et al., 1996），而在新加坡，江獭则完全不介意水库和运河等人造景观（Khoo et al., 2018）（图1.10）。

图1.10 江獭对新加坡的城市环境展现出了相当大的适应性（摄影/Jeffery Teo）

对于栖息地季节性较强的欧亚水獭来说，其栖息地的利用在不同季节常存在较为明显的差异。在一年当中，水獭在春季和秋季会表现出较强的移动性，而在夏季和冬季则更多地居留在某一地点（Erlinge, 1968）。在夏季（4—6月）的阿尔卑斯山，欧亚水獭会在4000 m以上的地方栖息，这些垂直迁移可能同本土鱼类的洄游产卵同时发生；随着冬季的到来，水獭会回到海拔较低的地区（Prater et al., 1971），且为了寻找庇护所甚至可能进行20 km以上的迁移（Erlinge, 1967）。在同属高海拔地区的三江源，虽然目前尚没有进行类似的研究，但根据对本土鱼类（图1.11）和水獭行为的观察，推测这里的水獭有可能采取同样的迁移策略。虽然食物资源的种类会随季节变化而有所不同，但是与欧亚水獭为食物资源进行迁移的策略不同，亚洲小爪水獭则似乎倾向于适应食物资源的变化而对其食性进行调整（Hussain et al., 2011）。对江獭而言，由于分布区域接近热带，因此在栖息地的利用上会随旱雨季的不同而有所差异，如在恒河平原的特莱地区，江獭在季风季和初冬时倾向于使用水淹沼泽，而在繁殖季节，则往往选择沼泽地区进行繁殖和育幼（Hussain et al., 2018）。

图1.11　青海玉树夏季正在洄游的本土鱼类（摄影/韩雪松）

虽然欧亚水獭的大部分时间都在水滨栖息，但为了安全地繁殖，欧亚水獭会在远离水体的地点繁殖和哺育幼崽（Hung et al., 2014）。欧亚水獭可以挖掘长达50 m，距离地面0.5 m深的隧道，有时也会利用自然形成的或其他动物挖掘的洞穴来进行繁殖（Kruuk, 2006）（图1.12）。不同性别或年龄的欧亚水獭在栖息地利用上也会有所不同：Green 等（1984）和Kruuk（1995）发现成年雄性大部分时间都在河流的主干道上度过，而成年雌性则更多地使用河流支流和湖泊（Kranz, 1995）；带有大龄幼崽的雌性会倾向于选择水流湍急但食物丰富的开阔河流，而带有较小幼崽的则往往选择平静狭窄

的水域觅食（Ruiz-Olmo et al., 2005）；性成熟的年轻雄性会利用
所有可到达的栖息地，而未达到性成熟的雄性则仅局限于边缘生境活
动，只会在核心栖息地未被利用时短期使用其中资源（Green et al.,
1983）。相比较而言，可能是由于其分布区靠近热带，食物资源相
对恒定，因此只要有足够的岩石可供筑巢和休息，江獭便可以栖息和
繁殖（Hussain, 1993; Hussain et al., 1995, 1997）。但相较于
欧亚水獭，对亚洲小爪水獭和江獭在野外的繁殖生态至今仍了解甚少
（Hussain et al., 2011）。

图1.12　青海玉树欧亚水獭在河边挖掘的洞穴（摄影/韩雪松）

　　总之，限制欧亚水獭在景观尺度上地理分布的因素主要包括食物
丰度、隐蔽所的可得性以及人类活动的压力；而在栖息地尺度上，水
獭的空间利用则主要受到包括物种自身的繁殖、出生、死亡、迁移以
及疾病等因素的影响（Hung et al., 2014）。
　　尽管在多数情况下，欧亚水獭、亚洲小爪水獭与江獭在栖息地
选择与食性上有所不同，但在局部地区，三者的栖息地仍然会出现

重叠的情况（Kruuk et al., 1994）。在食性上，欧亚水獭主要捕捉体型较小的鱼类，同时也会捕捉一定比例的两栖类作为食物，亚洲小爪水獭则主食蟹类，而江獭则主要以大型鱼类为食（Sabrina, 1985; Kruuk et al., 1994）。在3种水獭均有分布的泰国Huai Kha Khaeng地区，欧亚水獭更倾向于利用水流湍急的河流上游，而亚洲小爪水獭则会游荡至距离河道更远的易于捕蟹的稻田和泥泞的溪流当中，相比之下，江獭则主要使用宽阔且缓慢的河流下游捕捉体型较大的鱼类（Kruuk et al., 1994）；在同样有多种水獭同域重叠分布的斯里兰卡，欧亚水獭则全部栖息在5条河流的源头区域，而非下游或河口地带（de Silva, 1996）。

三、生活史和行为

1. 活动节律

在绝大多数分布区内，欧亚水獭是严格的夜行性动物，且其活动在很大程度上受到日照时间的限制，并随着昼夜时间的变化而不同（Green et al., 1984）。然而，在苏格兰的设得兰群岛，沿海分布的欧亚水獭则是完全的日行性动物（Kruuk, 1995），这一差异可能来自内陆和海洋环境中水獭潜在食物及其节律的差异（Beja, 1996; Karamanlidis et al., 2014）——在沿海环境下，水獭青睐的猎物在白天更容易被捕获；而在淡水中则相反，日间活动的鱼类等动物在夜晚很容易成为水獭的食物（Kruuk et al., 1990）。此外，如在设得兰群岛以及苏格兰西部海滨的沿海栖息地，水獭的活动还会受到潮汐的影响，它们会明显倾向于在退潮时捕捉猎物（Kruuk, 1995）。在中国，地处长江源头区域的青海省玉树市，生活在巴塘河、扎曲河流域的欧亚水獭呈现出明显的对夜间活动的偏好。通过为期两年的视频监测及研究表明，欧亚水獭在每日17时至次日9时明显更为活跃（韩雪松等, 2021）（图1.13），而在吉林长白山地区、四川九寨沟地区均通过红外相机发现欧亚水獭的活动高峰出现在5时左右与18时左右（任锦海等, 2020; 史国强等, 2021）。

图1.13　欧亚水獭在清晨活动颇为活跃（来源/山水自然保护中心）

亚洲小爪水獭通常在夜间或晨昏活动，特别是当其栖息地距离人类活动区域较近时（Foster-Turley, 1992; Hussain et al., 2011）。2017年至2018年间，在作为目前中国仅存的亚洲小爪水獭栖息地之一的海南吊罗山进行的红外相机监测中，全部三张红外相机影像分别拍摄于04:30、07:01与07:07，同文献报道的其他地区的亚洲小爪水獭活动节律相吻合（Li et al., 2019）。相比之下，或许是体型较大、集大群活动以及食性的影响，江獭在其现存分布区所观察到的活动高峰主要出现在日间，但会在午间进行短暂的休息（Foster-Turley, 1992; Shariff, 1984）。

2. 社会性

欧亚水獭基本上严格独居（非社会性动物），除在繁殖期外，成年个体之间往往不存在互动（Erlinge, 1968），而由成年雌性及其幼崽组成的家庭群便是欧亚水獭社会关系当中最重要的单位（Hung et al., 2014）。在设得兰群岛，几只成年欧亚水獭会共同使用沿海栖息地，但个体间的相遇却非常少见（Kruuk, 1995）。Kranz（1995）曾发现由超过两只欧亚水獭个体所组成的非临时社会性群体，这或许表明在某些特定情况下，不同性别和年龄的水獭个体会容忍与其他个体组成群体。最近的一项研究表明，欧亚水獭可能比先前认为的更具有社会性，雄性和雌性会花费很多时间一同休息、玩耍甚至哺育后代（Quaglietta et al., 2014）（图1.14）。

图1.14　玉树闹市区携有幼崽的欧亚水獭家庭（摄影/韩雪松）

　　相比之下，亚洲小爪水獭和江獭的社会性则要强得多。亚洲小爪水獭在笼养状态下可以组成包含15只甚至更多个体的家庭群

（Hussain et al., 2011）（图1.15），而在野生环境中，目前已有的最高记录是一个包含12只个体的群体（Lekagul et al., 1977）。通过对笼养个体的观察和研究，发现亚洲小爪水獭似乎为单配制（Larivière et al., 2009），且配偶之间表现出明显而强烈的情感联系，双亲均会对幼崽进行抚育（Hussain et al., 2011）。除此之外，对亚洲小爪水獭在野外的社会结构和社会性行为仍了解甚少（Aadrean et al., 2018）。

图1.15　集群活动的亚洲小爪水獭（摄影/Emily Nelson）

江獭同样具有很强的社会性，通常情况下群体包含5只个体（Kruuk, 2006），偶尔可以形成由多达11只个体构成的群体（Shariff, 1984）（图1.16）。但是，其集群情况在不同的栖息地存在较大的差异：在马来西亚彭亨国家公园有记录的对江獭的99次目击中，有65次为个体单独活动，25次为成对活动，仅有9次记录到组成3只的群体活动；而在霹雳州的微咸水体中，对江獭的16次目击中有6次为1只个体，4次为成对活动，而3只、5只和8～11只的群体各有2次记录（Shariff, 1984）。群体的组成存在不同的情况，有时为1只带多只（甚至不同年龄的）幼崽的雌性，有时包含其雄性配偶，有时或仅为由幼崽和亚成体组成的群体（Hussain, 1996; Wayre, 1978; Kruuk, 2006）。在捕食时，江獭群体成员常通过合作来围捕鱼类（Kruuk et al., 1994; Wayre, 1978），此时，群内个体会以"V"字形编队向上游方向运动来对鱼类进行围猎（Helvoort et al., 1996）。

图1.16　集群活动的江獭（摄影/ Jeffery Teo）

3. 食性

　　按照食性的不同，全球的13种水獭可以大致归为两类，即主食脊椎动物的和主食无脊椎动物的（Kruuk, 2006）。其中，就中国分布的3种水獭而言，欧亚水獭和江獭主食脊椎动物，而亚洲小爪水獭则偏好以蟹类等无脊椎动物为食。

　　鱼类是欧亚水獭和江獭最主要的食物（Erlinge, 1969; Webb, 1975; Ruiz-Olmo et al., 1997）。除鱼类外，它们还会进食如爬行动物、两栖动物（图1.17）、鸟类、小型哺乳动物以及甲壳动物和水生昆虫等（Roberts, 1977; Wayre, 1978; Jenkins et al., 1980b; Adrian et al., 1987; Skaren, 1993; Haque et al., 1995; Anoop et al., 2005）。在不同类型的栖息地中，欧亚水獭的食性往往由当

地食物种类的丰富程度和可获得性共同决定（Kruuk, 2006）。在欧洲，欧亚水獭的食性呈现出明显的纬度差异，如在北欧，其主要食物是鱼类，但在地中海区域则主要依赖无脊椎动物和爬行动物为食（Clavero et al., 2003）。此外，鱼类在水库和湖泊类型生境中所占的比重要明显高于江河和溪流；螃蟹等甲壳动物对栖息于溪流中的水獭要比生存在河流和湖泊当中的水獭更为重要（Kruuk, 2006）。在同一地点，食性也会因季节的不同而有变化，如在季风季的斯里兰卡，欧亚水獭会进食更多的蟹类（de Silva, 1997）。在我国长江源的通天河流域，中山大学生命科学学院与山水自然保护中心在2017—2020年间进行的研究表明，搜集到的欧亚水獭粪便当中，鱼类占绝大多数（97.9%），其中由民众放生的外来鱼种约占两成，且春季与秋季水獭食物中的鱼种也呈现出较大差异。除此之外，水獭也会进食少量两栖类（1%）、鸟类（0.6%）与哺乳类（0.5%）动物等（据中山大学生命科学学院与山水自然保护中心未发表数据）。

图1.17　在玉树的欧亚水獭粪便中可见雀形目鸟类足爪残骸（来源/山水自然保护中心）

在捕食时，欧亚水獭通常会选择河道的急弯过后的回水等流速较慢、鱼类较为丰富的地点（图1.18）；如需潜水，则多以同水面呈70°的夹角潜入水深0～3m的浅层水域捕猎，每次捕获一只猎物即返回水面进食（Nolet et al., 1993）；如果猎物较大且难以处理，则会将其带至岸边处置（Hung et al., 2014）。虽然在繁殖后雌性会带着幼崽一同捕鱼，但似乎很少有合作捕猎的行为出现（Kruuk, 2006）。在这种情况下，雌性通常会为幼崽捕捉较大的猎物（Chanin, 1985），而其自身仅消耗较小的猎物（长度中位数约为13 cm，尽管有研究指出欧亚水獭甚至可以捕获重达9 kg的鱼）（Kruuk, 1995, 2006; Hung et al., 2014）。

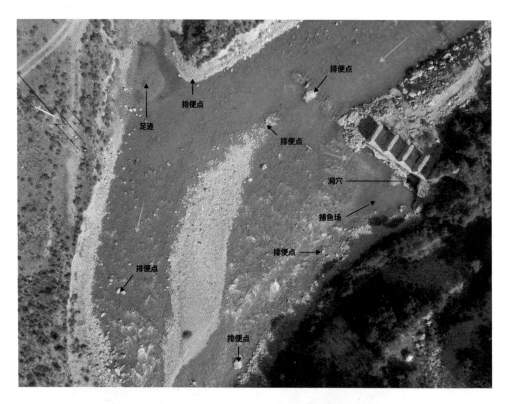

图1.18　欧亚水獭偏好的捕鱼点（来源/北京大学自然保护与社会发展研究中心）

在三江源，欧亚水獭被观察到会以三种行为觅食：在夏季鱼类繁殖的季节，当尝试捕捉浅水中集大群活动的小鱼时，欧亚水獭会将嘴张开，将下颌紧贴水底，同时扭动身体向前移动，将水及小鱼一同吞入口中，随后将口微微闭合，将水滤出；在水流湍急的河流当中，水獭会迎向上游，向上高高跃起后扎入水中，在水中稍做停留便立刻再次跃起，其间同河岸的相对位置几乎保持不变，直到捉住被水流从上游裹挟而下的鱼（图1.19）；水流较缓、较深的河流、湖泊当中，欧亚水獭会潜至水下，潜泳捕捉水中的鱼类，捕捉成功后再返回岸上进食（山水自然保护中心未发表数据）。

图1.19　欧亚水獭跃起潜入的捕食行为（摄影/韩雪松）

相比于欧亚水獭，亚洲小爪水獭主食如螃蟹等甲壳动物以及贝类等软体动物（图1.20），并因此演化出了粗壮的适于咬碎坚硬外壳的臼齿以及灵巧的前足趾（Hussain et al., 2011）。此外，亚洲小爪水獭同样会取食小型的鱼类、蜗牛、昆虫等（Foster-Turley, 1992），而昆虫或小型鱼类则仅占其食谱的极小部分（Pocock, 1941; Wayre, 1978），但这样的食性差异似乎多是由食物的可获得性，而非主观取食偏好决定的（Hussain et al., 2011）。在捕蟹时，亚洲小爪水獭似乎并不介意是在天然水体还是在如稻田等人工环境当中（Melisch et al., 1996），只是若在稻田中，其食谱会随水位的变化而呈现出显著的季节性差异（Hussain et al., 2011）。在泰国的Huai Kha Khaeng地区，Kruuk 等（1994）对亚洲小爪水獭所捕食的蟹类大小进行了估计：从收集到的92份粪便当中获取到的蟹类残骸推断，这些蟹类有14只体型大小在10～14 cm之间，42只在15～19 cm之间，26只在20～24 cm之间，12只在25～29 cm之间，4只在30～34 cm之间，只有1只在40～44 cm之间。这一结果表明亚洲小爪水獭对捕食对象的选择似乎更多是由其可获得性决定的，而非明显的取食偏好（Hussain et al., 2011）。在西爪哇，其捕食的蟹类体型大小则仅在3～4 cm之间（Melisch et al., 1996）。除此之外，在亚洲小爪水獭的粪便中还曾发现过啮齿类、蛇类以及两栖类动物的残骸（Hussain et al., 2011）。在不同的地区，亚洲小爪水獭的食性也有所不同，如在马来西亚所检验的328份粪便当中，80.8%的粪便当中包含有蟹类残骸，77.8%包含有鱼类残骸，12.5%包含有昆虫残骸以及4.0%包含有蜗牛残骸，这说明亚洲小爪水獭虽然主食无脊椎动物，但是仍会大量捕捉体型较小的鱼类作为食物（Foster-Turley, 1992）。

图1.20　包含螃蟹残渣的亚洲小爪水獭粪便（来源/嘉道理农场暨植物园）

在江獭的食谱中鱼类占绝对主要的成分，但同时江獭也会捕食啮齿类、昆虫以及蛇等，也有记录显示沿海分布的江獭会捕捉蟹类（Anoop et al., 2005; Haque et al., 1995; Roberts, 1977; Wayre, 1978）。例如，在马来西亚的霹雳州采集到的61份江獭粪便中，82%为鱼类，还有少量软体动物、哺乳动物和鞘翅目的昆虫，但在其中并未发现蟹类的残骸（Nor, 1989）。在印度、尼泊尔以及泰国对江獭进行的食性分析也得出了类似的以鱼类为主要食物的结果（Houghton, 1987; Kruuk et al., 1994; Haque et al., 1995）。在捕鱼时，江獭会选择湖岸浅水区域岩石较少的地点（Anoop et al., 2005），但有时也会选择有倒木、急流以及渔网等河流被阻断的地点（Shariff, 1984）。在泰国进行的研究表明，通常情况下，江獭会捕捉体长在5～30 cm间的鱼类作为食物，其中，体长超过15 cm的约占53%，小于10 cm的约占25%，在10～15 cm之间的约占22%（Wayre, 1978; Anoop et al., 2005）。对于捕捉到的体型较小的鱼类，江獭通常直接吞食，而体型较大的鱼类则会被带到岸边慢慢进食（Ansell, 1947）（图1.21）。

图1.21 正在进食鱼类的江獭（摄影/Mark Stoop）

4. 通信行为

同属鼬科动物的欧亚水獭、亚洲小爪水獭和江獭均具有肛门腺等腺体，因此会通过在显要地点留下具有浓烈鱼腥味的粪便来进行个体间的信息交流和传递（Kruuk, 2006）。在实地调查水獭时，由于强烈的气味、独特的形状加之明确的排便地点，粪便往往被用作水獭存在与否的证据，而无须见到水獭本身（图1.22）。

图1.22 欧亚水獭的排便点常常位于河岸中最醒目的位置（摄影/韩雪松）

其中，欧亚水獭粪便的味道会随排便个体的家族、年龄、性别与繁殖状态的不同而有所差异，且粪便中所包含的这些信息并不会受到水獭食性的影响（Kean, 2012）。因此，以往的研究认为欧亚水獭会通过每次将少量粪便留在显眼的地点来标记其捕鱼的地点或洞穴的入口（Erlinge, 1968）。而在野外，当区域内水獭种群密度较高时，往往可以见到大量的粪便标记点（Erlinge, 1968）。曾有人认为水獭的粪便是用来释放繁殖信号或标记领域边界的（Kruuk, 2006）。

人类虽无法体察水獭粪便中所蕴含的信息，但从外形上，似乎并不难发现有些粪便标记点似乎有些特殊。

"集中排便点"（sign heaps, latrines）（图1.23）是指大量水獭粪便堆叠于一处。有研究曾认为这样的排便点为准备好繁殖的雄性水獭的标记（Stephens, 1957; Kruuk, 1995）；若出现在重叠的领域上，是水獭通过覆盖对方粪便来对领域宣誓（Erlinge, 1967）；若出现在水獭分布密度较高的区域（Mason et al., 1986），与区域中水獭的粪便数量明显相关（Jahrl, 1996）。

图1.23 欧亚水獭的"集中排便点"（来源/山水自然保护中心）

"涂抹标记点"（jellies，smears）（图1.24）是指小块的不含或几乎不含食物残渣的肠道分泌物（Trowbridge, 1983）。曾有研究认为水獭在空肚子而希望做标记时会排出这样的粪便，因而或许可反映栖息地中食物资源的匮乏状况（Conroy et al., 1991），不过也有研究发现这样的标记往往出现在食物资源最为丰富的季节（Jahrl, 1996; Mason et al., 1986）。

图1.24 欧亚水獭的"涂抹标记点"（来源/山水自然保护中心）

　　此外，Kruuk（1992）在设得兰群岛进行研究时也发现，不同性别或年龄的水獭在排便频率上并不存在显著差别。而在不同水獭领域之间，粪便的数量也不存在显著差异。相反，Kruuk发现在特定季节粪便可能被水獭用来进行有关食物资源的信息传递。水体附近的粪便数量同当地食物的丰度呈显著的正相关关系，因此大量的粪便标记可能为恐吓或驱赶潜在竞争者的手段（Kruuk, 1995; Remonti et al., 2011）。

　　亚洲小爪水獭同样会使用粪便进行标记，而且似乎是唯一一种会在排便点出现涂抹粪便行为的水獭——即通过后腿和尾巴对粪便进行涂抹（Foster-Turley, 1992; Hussain et al., 2011）。这一行为似乎同群体的规模相关，如在马来西亚，群体越大似乎这一行为越普遍，且在行为发生时群体中的个体均会参与到涂抹行为当中，相反，在诸如仅有3只个体的小种群中则几乎不会出现类似的行为（Foster-Turley, 1992）。毫无疑问，这一行为同个体间通过气味进行交流有直接的关系，在群体内出现则可能为其促进社会关系的一种方式，而在群体外出现则可能为对领域的宣示和占有（Foster-Turley, 1992）（图1.25）。

图1.25　集群生活的亚洲小爪水獭同样需要通过粪便进行彼此间的交流（摄影/Lilian Dibbern）

　　江獭的集中排便点通常位于石块、沙滩甚至1～3 m高的巨石上（Hwang et al., 2005），而其中每一处排便点的粪便数约为2.2（*n*=38）（Kruuk et al., 1993）。在排便后，江獭通常会在排便点周边出现打滚和剐蹭行为（Shariff, 1984）（图1.26）。

图1.26　通过打滚留下气味的江獭（摄影/Jeffery Teo）

　　在发声方面，3种水獭会使用声音来进行个体间的交流。在受到人类或其他捕食者的威胁时，欧亚水獭会发出"呼呼"的声音同时伴有因快速呼气而产生的嘈杂的震音，频率在0～10 Hz之间（Kruuk, 1995）；当雌性欧亚水獭同其幼崽分隔较远时，会通过类似口哨的叫声呼唤幼崽（Gnoli et al., 1995; Kruuk, 2006），这样悦耳却表达不安的叫声可以传播数百米远（Kruuk, 1995）；在幼崽间，彼此会使用微弱的哨声进行交流（Gnoli et al., 1995）；"咕咕"的叫声常出现在雌性和幼崽接触时，会在雌性和幼崽短期分离后出现（Gnoli et al., 1995）。除以上叫声外，欧亚水獭还会发出类似"嘶嘶"的叫声以应对入侵其领域的其他水獭；在同其他个体的争斗中被逼入绝境时发出的声音类似于小猫的叫声（Kruuk, 1995）；同其他个体因食物资源或领域争斗发生肢体冲突时，会发出高于16 Hz的攻击性呼喊（Gnoli et al., 1995）。相比之下，亚洲小爪水獭的叫声更为复杂。据目前已知

信息，亚洲小爪水獭可以发出多达12种叫声（Timmis, 1971）。通常
情况下，它们会发出不同的短而尖的叫声和呜咽声，并在受到干扰时还
会发出尖利的长啸（Lekagul et al., 1977），甚至还有呼唤同伴帮助
的痛苦叫声（Sivasothi et al., 1994）。江獭的叫声同样丰富，可以
发出介于哨声和"叽喳"声间的叫声、类似于哨声的"ha"音、不同
的"叽喳"声和"啾啾"声以及当受到威胁和挑衅时发出的尖厉叫声
（Harris, 1968）。

　　除通过粪便和声音进行个体间的交流外，由于趾间和表皮多处均具腺
体，水獭会通过刨坑、剐蹭岩石等方式留下气味（Kruuk, 2006）。特别
是在从水中上岸后，经常可以见到水獭通过在地面上摩擦或滚动的方式来
干燥毛皮并留下气味（Kruuk, 2006; Kuhn et al., 2010）（图1.27）。

图1.27　欧亚水獭的典型刨坑痕迹（摄影/韩雪松）

5. 领域性

　　成年欧亚水獭具有极强的领域性，但其对于领域的维护仅针对
同性别的个体（Erlinge, 1968）。占据支配地位的雄性会获得区域
内最优越的栖息地，并且可能会不断扩大其领域（Ó Néill et al.,
2009）。相比于雄性，多只（可能亲缘关系较近的）雌性水獭会共享

一块区域作为群体家域，但其中的每只雌性都会各自占有一定空间作
为其维护的核心领域（Kruuk，1995）。

　　通常情况下，雄性水獭拥有相比于雌性更大的领域范围，并且多
集中在海岸上较为暴露的地点。如在爱尔兰，雄性欧亚水獭平均领域
可达13.2±5.3 km，水体面积0.302±0.095 km^2，而雌性平均领域仅
7.5±1.5 km，水体面积为0.168±0.07 km^2（Ó Néill et al.，2009）。
在设得兰群岛，雌性水獭的领域范围沿海岸线可延伸1～14 km（Kruuk
et al.，1991）。虽然多只雌性个体共享一个群体领域，但其中每只个体
大部分时间内均处于0.5～1.6 km的核心领域内；雄性水獭的领域范围
可达19.3 km，并与多只雌性的领域相重叠（Kruuk et al.，1991）。
在苏格兰佩思郡，无线电标记的两只雌性水獭分别占据了16 km和
22.4 km的河道，而两只雄性水獭占据的河道则分别为2 0 km和
31.6 km（Green et al.，1984）。同时，被跟踪个体的活动仅局限在
领域范围内的数个位点，而夜间在不同地点间迁移——两只雌性水獭
在夜间两个活动地点间的最长迁移距离分别为3.8 km和8.9 km（平均
每晚移动1.0 km和2.5 km），雄性水獭则为16.2 km（平均3.8 km）
（Green et al.，1984）（图1.28）。

图1.28　河岸上欧亚水獭迁移时留下的足迹（摄影/韩雪松）

领域的大小差异来源于其栖息地的类型及其生产力的不同，而在淡水中栖息的水獭，雄性和雌性的领域范围都要大于沿海分布的种群（Kruuk, 1995）。Erlinge（1969）认为，雄性水獭受性因素的影响，具有较强的等级和领域意识，而雌性的领域范围则更多地由家庭群的食物和隐蔽所等生存因素影响。在通常情况下，1只雄性水獭的领域会覆盖至少两个雌性群体领域，并且会与其他雄性的领域有重叠。在极少数情况下，两只雄性水獭会因为对领域的维护而发生争斗，并产生身体接触的攻击行为（Kruuk et al., 1991）。争斗过程包括快速追逐和发出高频叫声，而结果则常以体型较小的弱势方的逃离而结束（Kruuk et al., 1991; Kruuk, 1995）。在维护领域时，除去通过气味和叫声等方式进行标记外，雄性还会通过巡视领域及其排便地点，并以夸张的姿态平行于河岸游泳等视觉上的方式来显示其对领域的占有（Kruuk, 1995）。相比之下，雌性之间的接触通常以回避和发出抖动的叫声进行，而身体接触般的攻击极其少见（Kruuk et al., 1991）。两性间的接触从回避、防守到友好地玩耍有所不同（Kruuk et al., 1991）。由于雄性水獭存在杀婴风险和偶尔的领域争夺，带有幼崽的雌性会对雄性表现出明显的攻击倾向（Erlinge, 1968; Kruuk, 1995; Simpson et al., 2000）。至于在带有幼崽的家庭中常可见到的撕咬（图1.29），无论是在行为动机、目的还是进行的长度与强度上，实际上同上述争斗相去甚远。

相比之下，每个江獭群体需要至少7～12 km的河流作为其领域以保证食物资源的充足供给，并会以群体为单位对领域进行守卫（Hussain, 1996; Wayre, 1978）（图1.30）。由于野外调查与研究缺乏，目前似乎未见到有关亚洲小爪水獭野外领域性的相关信息报道。

图1.29   一个繁殖家庭中的幼崽常因食物而互相撕咬（摄影/韩雪松）

图1.30   江獭"帮派"间不时爆发的领地大战已成为新加坡当地的著名事件
（摄影/Jeffery Teo）

6. 繁殖

与大多数哺乳动物不同，欧亚水獭并没有固定的发情期（Trowbridge, 1983; Mason et al., 2009），在人工条件下一年中的各时期都可以观察到交配行为（Reuther, 1999）。但在野外条件下，由于食物资源的季节性集中，水獭的繁殖常发生在食物资源较为丰富的季节，以保证其自身和子代能够拥有充足的资源（Liles, 2000）。例如，在北欧，幼崽通常在夏末和深秋降生，而在南欧繁殖则会推迟至冬季和早春（Ruiz-Olmo et al., 2002）。在中国青海三江源，通过不同方式获得的繁殖时间却出现了明显不同——通过视频监控对多只个体同时出现的时间的研究分析，推断玉树地区欧亚水獭的繁殖期应当随着10月左右雌性和雄性的交配开始，并在次年6月左右随着幼崽的独立结束（韩雪松 等，2021）（图1.31）。然而，在2021年11月初，一个由1只雌性和2只幼崽组成的繁殖家庭开始频繁在玉树市中心的河道中活动，一直持续到1月末——从12月末拍摄的照片来看，此时的水獭幼崽至少已有6月龄。若按照幼崽年龄向前回溯，则交配行为应当发生在3～4月的春季（山水自然保护中心未发表数据）。 在汉江流域的椒溪河，也有摄影爱好者曾经于10月下旬拍摄到欧亚水獭的交配影像。

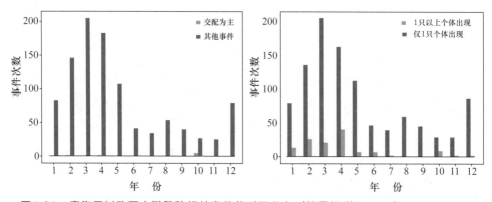

图1.31　青海玉树欧亚水獭繁殖相关事件的时间分布（韩雪松 等，2021）

在欧亚水獭繁殖时，由于雄性的领域同多只雌性的领域在空间上重叠，因此，雄性通常会和多只雌性交配（Kruuk, 2006;

Quaglietta et al., 2014）。欧亚水獭并无受精卵延迟着床现象
（Kruuk, 2006），因此交配完成后经过63～65天的妊娠，雌性水
獭会在河岸两侧植被覆盖较好的繁殖洞穴产下1～2只幼崽，平均幼
崽数随雌性年龄的增加会略有上升（Hauer et al., 2002）。欧亚
水獭幼崽初生时，双眼闭合，全身覆以灰色短毛，重100～120 g，
在之后的两个月中，雌性水獭仅每日外出觅食且觅食后迅速返回洞穴
为幼崽哺乳（Kruuk, 2006）（图1.32）。幼崽至2月龄，体重增长
至1075～1250 g并可以进食固体食物，开始跟随雌性外出学习捕鱼
（Ruiz-Olmo et al., 2002）。在5～6月龄时，幼崽会离家独立，
雄性在大约18月龄时达到性成熟，而雌性则通常需要24个月，但在
人工饲养条件下，性成熟往往需要3～4年（Reuther, 1991）。然
而，欧亚水獭幼崽在野外死亡率非常高，在出生后第一年仅有约42%
的个体可以存活，第二年为33%，最终仅有25%的个体可以活过2年

图1.32　欧亚水獭及其幼崽（摄影/Joshua J. Cotten）

（Stubbe, 1969; Jenkins et al., 1980a）。但成年后，欧亚水獭的平均寿命一般为12年（Gorman et al., 1998），预期寿命可达17年（Acharjyo et al., 1983）。

　　亚洲小爪水獭是亚洲所有水獭当中野外生态学研究最少的，因此有关其繁殖的信息多为通过动物园的笼养个体获得（Hussain et al., 2011）。亚洲小爪水獭在全年任何时候均可发情，而发情周期通常为28~30天（Lancaster, 1975），其中持续发情期为1~13天不等（Hussain et al., 2011）。发情时，雌性个体会表现出相较于平常更多的刨蹭以及标记行为。交配通常发生在水中，但在非常偶尔的情况下也可观察到在陆地上进行（Hussain et al., 2011）。受精成功后，在持续60~86天的妊娠期中（Lancaster, 1975; Sobel, 1996; Hussain et al., 2011），雄性会同雌性一起收集干草等材料并将其铺垫在繁殖洞穴中，直到幼崽降生（Lancaster, 1975）。随后，在笼养条件下，亚洲小爪水獭会产下1~7只幼崽（Lancaster, 1975）。同其他水獭一样，幼崽在刚出生时双眼闭合，体重46~63 g；第5周时双眼睁开，随后在2月龄时体重达410~998 g；在第10周左右开始探索周围的环境，在约12周时开始在雌性的陪伴下下水（Maslanka et al., 1998; Hussain et al., 2011）。在笼养状态下，亚洲小爪水獭的幼体成活率很低，如在阿德莱德动物园，70只幼崽中只有38只存活到独立（Lancaster, 1975）。在幼崽降生后，同欧亚水獭不同，亚洲小爪水獭的雌性和雄性会共同负责照顾幼崽（Leslie, 1970, 1971; Timmis, 1971; Lancaster, 1975）。随后，在4~5月龄后，亚洲小爪水獭即可离开家庭独立，并在最早约13个月时达到性成熟（Foster-Turley et al., 1988）（图1.33）。

　　江獭在生理上同样可以在一年中的任何时候繁殖，但在野外往往因栖息地的天气条件和食物资源状况而集中在特定时间（Hwang et al., 2005）。例如，在印度和尼泊尔，江獭的繁殖期通常出现在冬季，即10月至次年2月间（Hussain, 1996），而在印度北部，交配则通常会提前至8~9月（Desai, 1974; Hussain, 1993）。但在天气条件理想和食物资源充足的情况下，分娩在全年任何时候都会

图1.33　亚洲小爪水獭及其幼崽（摄影/ Rebecca Campbell）

发生（Foster-Turley, 1992）。在笼养条件下，江獭的交配通常发
生在8月，而分娩则通常在10月（Desai, 1974）。江獭的发情期通
常持续14天，发情期间，雌性和雄性会在水中完成交配（通常少于
1 min）（Badham, 1973; Yadav, 1967），且在交配前伴侣间会
出现长时间的嬉戏行为（Desai, 1974; Naidu et al., 1989）。之
后，经过60～63天的妊娠，雌性水獭会在其位于树根、石堆或茂密
植被中的洞穴内产下1～5只幼崽（Badham, 1973; Wayre, 1978;
Shariff, 1984; Hwang et al., 2005）（图1.34）。幼崽初生时
双眼闭合，在10天左右睁开，并在3～5月龄结束哺乳，随后在12
个月左右成长至成体尺寸，并在24～36个月间达到性成熟（Desai,
1974; Yadav, 1967）。

图1.34   江獭及其幼崽（摄影/Jeffery Teo）

四、分布、数量与保护

欧亚水獭被描述为"古北界中分布最广的哺乳动物之一"（Corbet, 1966），现存种群遍布亚洲、整个欧洲和撒哈拉沙漠以北的非洲。在历史上，欧亚水獭种群从东方的日本一直延伸到西方的葡萄牙，从亚洲和欧洲的北极地区向南延伸到印度尼西亚的南部（Foster-Turley et al., 1990）。虽然现存种群分布广泛，但由于环境污染、栖息地破碎化、非法捕杀等，全球种群数量急剧下降，残存种群在远离人类干扰的栖息地中零散分布（Koelewijn et al., 2010）。

在欧亚水獭现经确认的12个亚种中，指名亚种*L. l. lutra*（图1.35）广泛分布于欧洲和亚洲，其种群从大陆最西端的葡萄牙一直延伸至最东端的朝鲜半岛（Kruuk, 2006）。在亚洲，亚种*L. l. chinensis*主要分布在中国、马来西亚、中南半岛的泰国和越南以及琉球群岛（Harris, 1968; Lai et al., 2006）。在东南亚，另外两个亚种*L. l. barang*和*L. l. hainana*分别分布在泰国、越南、印度尼西亚苏门答腊岛（Koepfli et al., 2008）以及中国海南。南亚次大陆拥有4个欧亚水獭的特有亚种，分别是分布在尼泊尔中下部山区的*L. l. aurobrunnea*，克什米尔地区的*L. l. kutab*[青藏高原的欧亚水獭或许也为此亚种（徐龙辉，1984）]，分布于印度旁遮普、库马翁和阿萨姆的*L. l. monticolus*，以及分布在斯里兰卡、印度本地治理及南部地区的*L. l. nair*（该亚种在中国亦有记录）（Harris, 1968; Romanowski et al., 2010）。在中东地区，亚种*L. l. meridionalis*栖息于伊朗的德黑兰附近地区、格鲁吉亚至亚美尼亚、伊朗至波斯湾以及阿塞拜疆等地区（Harris, 1968; Kasumova et al., 2009）。在中亚，亚种*L. l. seistanica*分布在阿富汗、伊朗东部、阿富汗和伊朗交界处的锡斯坦盆地、哈萨克斯坦、乌兹别克斯坦以及土库曼斯坦的广阔区域（Harris, 1968; Conroy et al., 1998）。亚种*L. l. angustifrons*分布于非洲北部的摩洛哥和阿尔及利亚（Broyer et al., 1988）。亚种*L. l. whiteleyi*仅分布于日本本土，已在2012年宣告灭绝（近年在对马岛重新发现的水獭个体应为来自韩国的亚种*L. l. lutra*）。

图1.35 欧洲的欧亚水獭亚种 *L. l. lutra*（摄影/Andy Willis）

亚洲小爪水獭的分布从南亚的印度向东延伸到东南亚，包括老挝、马来西亚、缅甸、柬埔寨、孟加拉国和印度尼西亚，以及菲律宾和中国南部（Mason et al., 1986; Wozencraff, 1993; Hussain et al., 2011）。详细而言，亚种*A. c. cinerus*分布于泰国，*A. c. concolor*分布于中南半岛至中国的云南和海南，*A. c. fulvus*分布于越南，*A. c. nirnai*分布于印度，*A. c. wurmbi*分布于印度尼西亚东爪哇，而近年来才通过遗传学手段识别出的*A. c. kecilensis*则分布于马来半岛(Rosli et al., 2014)。

江獭主要分布于印度尼西亚的爪哇、苏门答腊岛以及婆罗洲，并且北至中国南部沿海，西至尼泊尔、不丹、印度，巴基斯坦（Hussain et al., 2018）和伊拉克，具体包括巴基斯坦、尼泊尔、印度、孟加拉国、不丹、中国、缅甸、新加坡、泰国、越南、马来西亚和印度尼西亚（Mason etal., 1986; Hussain, 1993; Melisch et al., 1994）以及伊拉克等国（Al-Sheikhly et al., 2015）。就各亚种而言，*L. p. perspicillata*分布于东亚和东南亚，*L. p. sindica*分布于中亚，而*L. p. maxwelli*则分布于西亚的伊拉克沼泽当中，这一隔离种群的存在表明这一物种的分布在历史上应更为广泛（Pocock, 1941; Hussain, 1993）。

目前，并未见有关3种水獭在全球抑或中国的野外种群数量报道与估计（Loy et al., 2021; Wright et al., 2021; Khoo et al., 2021）。就种群趋势来看，除欧亚水獭种群目前整体呈现稳定和恢复状态外，由于非法捕杀和栖息地丧失等原因，亚洲小爪水獭、江獭种群仍在经历剧烈下降（Aadrean et al., 2018; Hussain et al., 2018; Loy, 2018）。而在中国，随着一系列栖息地保护以及禁渔放流等行动的开展，可明显感到近年来欧亚水獭在诸多历史分布区的回归与重现。

正因如此，在《世界自然保护联盟濒危物种红色名录》（以下简称《IUCN红色名录》）当中，欧亚水獭由于其并不超过30%的年种群下降速度及在欧洲观察到的种群恢复状况而被评估为近危（NT, 标准A2cde）（Loy et al., 2021），在《濒危野生动植物种国际贸易

公约》（CITES）附录当中被列为附录Ⅰ物种；亚洲小爪水獭由于其
不断丧失的栖息地（以及日益加剧的非法贸易所导致的个体捕捉）被
列为易危（VU，标准A2acde）（Wright et al., 2021），在CITES
附录当中被列为附录Ⅰ物种；江獭同样由于其日益缩减的栖息地而被
评为易危（VU，标准A2cde）（Khoo et al., 2021），在CITES附
录中被列为附录Ⅰ物种。然而在中国，在1989年发布的《国家重点
保护野生动物名录》（以下简称《名录》）当中，欧亚水獭、亚洲小
爪水獭和江獭仅被列为国家Ⅱ级重点保护野生动物，随后在2021年
调整的《名录》中其保护等级也并未得到提升（表1.1）。

表1.1　中国三种水獭受胁程度评估与保护等级

名录	欧亚水獭	亚洲小爪水獭	江獭	年份
中国濒危动物红皮书	易危V	濒危E	濒危E	1998
中国物种红色名录	濒危EN	濒危EN	濒危EN	2004
CITES	附录I	附录I	附录I	2019
IUCN 红色名录	近危NT	易危VU	易危VU	2020
中国生物多样性红色名录	濒危EN	极危CR	极危CR	2020
国家重点保护野生动物名录	Ⅱ级	Ⅱ级	Ⅱ级	2021

第二章

獭祭：中国水獭历史回溯

　　对于中国人来说，水獭从不是陌生的动物。"有獭有獭，在河之涘。凌波赴汩，噬鲂捕鲤"，对于水獭，地处中原的汉人早已有清晰的认知。与此同时，在汉地之外的山林与原野，水獭在少数民族的生产生活中也一直扮演着重要的角色。可以说，从两千多年前直到今天，中国各地，无论中原汉地还是辽远边疆，水獭与人都有着密切的联系。

　　从古老的文字记录和手作文物（图2.1），到如今的影像记录与不期邂逅，我们得以一窥水獭种群在中国历史上的兴盛与衰败。从中华大地上居民同水獭间的关系及其野外种群的状况出发，同时也为了方便文字的整理与以下的讲述，在此大体将水獭在中国的处境分为三个阶段——17世纪前本土社区的自然崇拜与原始利用，17世纪至20世纪末国际贸易之下的捕捉与猎杀，以及20世纪末期以来保护意识的觉醒和自然种群的恢复。

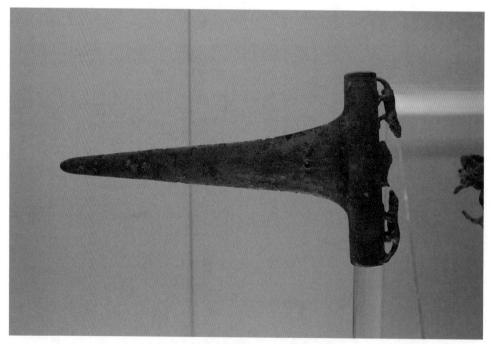

图2.1　西汉·双獭捕鱼戈——藏于上海博物馆（出土于云南晋宁石寨山，原以"水獭捕鱼穿銎铜戈"为名藏于云南省博物馆）（摄影/韩雪松）

一、17世纪前本土社区的自然崇拜与原始利用

"东风解冻，蛰虫始振，鱼上冰，獭祭鱼"（《礼记》），两千多年前，中国古人就已开始在典籍当中对水獭进行描述和记录。而在更早以前的新石器时代，水獭作为一种"为渊驱鱼"的小兽，就已出现在古人的生活当中——在云南保山塘子沟遗址、浙江余姚河姆渡遗址、河南淅川下王岗遗址、上海崧泽遗址、重庆万州麻柳沱遗址以及湖北巴东店子头遗址中都曾出土过水獭的遗骸（刘自兵，2013；武仙竹 等，2006）。

在西南地区，丛生的密林与贯穿其中的河流为水獭提供了绝佳的生存环境，而对同居于此的少数民族来说，水獭也是其无限自然遐想中的重要角色。在彝族和哈尼族的十月太阳历当中，一年被划分为等长的十个月，每个月固定为三十六天并以不同的动物为代表，而其中二月便是"水獭之月"；在阿昌族的神话里，在混沌初开、大地生灵面临毁灭危险的时候，是地母遮米麻派遣"水獭猫"请来了天公遮帕麻，而后者才战胜了旱神腊訇，从而拯救了世界；在侗族的传说中，在向上天讨来的歌本不慎掉入龙潭后，正是水獭帮忙将歌本打捞上来，从此才有了满载歌舞的"踩歌堂"；在珞巴族和克木人的部落文化中，水獭正是众多图腾动物之一，而以此为图腾的部族绝不会将其伤害；在乌拉满族的烧香跳神祭仪当中，水獭神也是动物神中重要的神祇。除此之外，在壮族、佤族、苗族、纳西族、畲族、毛南族、黎族和傈僳族的神话传说和民间故事中，水獭都是频繁出现其中的重要角色。

从古汉语中，我们可以发现中国的古人已经明显对水獭的不同种类有清晰的感知和认识。在古籍当中，除汉字"獭"外，"猵（獱）"也曾被用来代指水獭（刘敦愿，1985；刘自兵, 2013）。西汉时期的《盐铁论》中记载，"以独为猵，群为獭，如猿之与独也"，随后在宋朝的《证类本草》中也记载"獭有两种：有獱獭，形大，头如马，身似蝙蝠，不入药用；此当取以鱼祭天者。其骨亦疗食鱼骨鲠，有牛、马家，可取屎收之。多出溪岸边，其肉不可与兔肉杂食"。

由此看，古人首先对"猵"（獱）与"獭"做出了明确的区分，

其中体型较大，面部狭长，独居者为猵（獱），而身形较小，群居者为獭。若以今日对中国几种水獭习性的了解来看，似乎符合曾在中国较为常见的欧亚水獭和亚洲小爪水獭的基本特征。然而，由于观测方法的限制和科学知识的缺乏，古人虽对"水獭存在不同种类"这一点有较为深刻的认识，但不同名称之所指却随时间的变迁而趋于混乱。但无论如何，对于水獭这一类群所具有的共同的生活习性，古人的了解与认识是准确而无偏颇的（图2.2）。除去上文所提及的"为渊驱鱼"外，还有"獭又能捕鸟。见凫鹥群在则仰卧于水，离水面尺许，乃吐沫以引之。鸟见沫浮，群飞啄之，獭乃以四足抱住"（《四库全书》），除去吐泡沫吸引鸟类的部分外，在水下伏击水面的雁鸭确实也在苏格兰的设得兰岛有所记录（Kruuk，2006）。不知为何，古人还笃定水獭不可饮酒，有"爱熊而食之盐，爱獭而饮之酒，虽欲养之，非其道"（《淮南子》）的说法。

此外，《本草衍义》中记载："四足俱短，头与身尾皆猵，毛色若故紫帛。大者身与尾长三尺余，食鱼，居水中。出水亦不死，亦能休于大木上，世谓之水獭。尝縻置大水瓮中，于其间旋转如风，水谓之成旋，垅起，四面高，中心凹下，观者骇目"。《埤雅》中又有"獭兽，西方白虎之属，似狐而小，青黑色，肤如伏翼""獭鱼取鲤于水裔，四方陈之，进而弗食，世谓之祭鱼"。

这里提到的"獭祭鱼"，是另一种古人笃定水獭所具有的独特的行为——"獭，水禽也，取鲤鱼置水边，四面陈之，世谓之祭"（《吕氏春秋》）。依照古人的描述，在祭鱼时，鱼的摆放也同样依照特定的规律，"獭一岁二祭，豺祭方，獭祭圆，言豺獭之祭，皆四面陈之，而獭圆布，豺方布"（《埤雅》）。《大戴礼记》中也有"獭祭鱼，其必与之献，何也？曰：非其类也。祭也者，得多也，善其祭而后食之。'十月豺祭兽'，谓之'祭'；'獭祭鱼'，谓之'献'；何也？豺祭其类，獭祭非其类，故谓之'献'，大之也"。至清朝时，学者陈云龙编撰的《格致镜原》中也记载："俗传獭祭鱼将鱼罗列于前，取黄颡鱼一枚，以爪按其头，作声如人之有巫祝也。故俗呼黄颡鱼为鱼师。祭毕，獭食诸鱼，而纵鱼师于水。"也就是

图2.2　獭图（来源/《钦定古今图书集成》）

说，古人笃定，在每年特定的时期，水獭在捕捉到鱼后，会先如祭祀般将其恭敬整齐地摆放在河岸上，随后再开始食用（图2.3）。

图2.3   "獭祭"在中国已几乎被人遗忘，在日本却以这样的方式被保留了下来（摄影/韩雪松）

如此"先祭后食"的理解也使得水獭被古人当作是报本反始的典范而大加赞扬。据《本草纲目》记载，王安石在《字说》中曾提道"正月、十月獭两祭鱼，知报本反始"。在宋代诗人林同的《禽兽昆虫之孝十首·豺獭》中便有"曾闻豺祭兽，还见獭陈鱼。人苟不知祭，能如豺獭乎"的诗句。又如，在《新元史》中还记载了这样一则故事，"胡光远，太平人。母丧，庐墓。一夕，梦母欲食鱼，晨起，将求鱼以祭，见生鱼五尾列墓前，俱有啮痕，邻里惊异。方聚观，有獭出草中浮水去。众知是獭所献"。此外，在千里之外的藏族聚居区，这一行为也同样有所记录。在三江源的果洛地区，水獭除去"སྲམ"（音sham）的本名外，还有另外一个称谓"ཨེ་བ་ཆུ་སྐྱིན"（音e ba qiu jing），意为"供猫头鹰"。这是因为在该地区的一则广为流传的故事中，水獭会在藏历每月的月末将捕到的鱼整齐摆放在河岸，以"獭祭"的方式向猫头鹰表达对在危难之中营救自己祖先的救命之恩。由此可见，无论是在中原抑或藏族聚居区，不同于豺狼虎豹等危险而令人生畏的形象，水獭在古人的认知中，始终都是一种平和而明理的形象。

回到"獭祭"本身，无论其是真实存在抑或只是古人对水獭行为的误读，但在古时，这一有趣而神秘的行为必定非常普遍，因为其甚至在彼时同候鸟北归与草木萌发一起被当作孟春到来的物候——"獭祭以鱼，其陈也圆，春渔候也"（《兽经》），"雨水之日，獭祭鱼，后五日，鸿雁来，后五日，草木萌动"（《逸周书》）。甚至水獭的行为还被当作社会是否和谐的指示物，"獭不祭鱼，国多盗贼"（《逸周书》），原因在于，在古人的理解中，水獭若不祭鱼，便说明春天来临较晚，这便使得耕种推迟，以至于粮食减产，盗贼横行。另外，由此亦可见古人可持续发展的先见，"獭祭鱼，然后虞人入泽梁；豺祭兽，然后田猎；鸠化为鹰，然后设罻罗；草木零落，然后入山林；昆虫未蛰，不以火田。不麛，不卵，不杀胎，不妖夭，不覆巢"（《礼记》），"先王之法……獭未祭鱼，网罟不得入于水"（《文子·上仁》），以獭祭这一现象来作为解除冬春渔禁的信号（古时认为冬春之交，水中生物交配孕育，这一时期不得在川泽湖泊上捕鱼）。

此外，由于其滨水而栖，水獭的洞穴（图2.4）也曾被用来预测洪水的水位。在汉代，即有"鹊巢知风之所起，獭穴知水之高下"（《淮南子》）之说，而这也在后世的文献中多次出现，"（水獭）能知水信为穴，乡人以占潦旱，如雀巢知风也"（《本草纲目》），"獭窟近水，主旱；登岸，主水，有验"（《田家五行》）。如此，通过观察水獭洞穴的高低从而判断水位便成为滨水居民安排农业生产的一个重要依据。

因此，不难发现，曾作为物候出现在古人生活中的水獭，在彼时的中国必定是随处可见的，分布之广和丰度之高对于今日的你我来说恐怕都难以想象。也正因如此，或作渔兽，或入药用，或猎毛皮，水獭在古时便已在人们的生产生活中扮演了重要的角色。

图2.4 水獭的洞穴 (摄影/邓星羽)

1. 作渔兽

  "为渊驱鱼者，獭也"，《孟子》中这样的记载准确地描述了水獭在食性上区别于其他兽类最为显著的特征之一，即几乎专性食鱼。正因如此，古人很早便开始利用水獭善于捕鱼的习性来驯化其协助捕鱼。唐代《酉阳杂俎》中记载"元和末，均州勋乡县有百姓，年七十，养獭十余头，捕鱼为业，隔日一放。将放时，先闭于深沟斗门内令饥，然后放之。无网罟之劳，而获利相若。老人抵掌呼之，群獭皆至，缘襟藉膝，驯若守狗，户部郎中李福亲观之"。此外，唐代的另一笔记小说《朝野佥载》中亦记载，"通州界内多獭，各有主养之，并在河侧岸间。獭若入穴，插雊尾于獭穴前，獭即不敢出，去却尾，即出。取得鱼必须上岸，人便夺之。取得多，然后放令自吃。吃饱即鸣杖以驱之，还插雉尾更不敢出"。至明代时，通过驯养水獭来协助捕鱼已相当常见，几乎成为渔业中一个专门的类别，在陕西、四川、湖南、湖北等地甚至出现了专门驯养水獭捕鱼的专业渔户，依靠水獭每日可渔获数十斤（邢湘臣，1965；刘自兵，2013）。相应的，明代关于水獭的记述也变得更为常见。例如，张岱《夜航船》记载有："永州养驯獭，以代鸬鹚没水捕鱼，常得数十斤，以供一家。鱼重一二十斤者，则两獭共舁之"。李时珍在《本草纲目》中也说道，"今川、沔渔舟，往往驯蓄（水獭），使之捕鱼甚捷"。上文提到的唐代通州即今四川北部的达州，而在同属川蜀的江油、重庆等地，甚至直到数年前仍有渔人驯养欧亚水獭来捕鱼（图2.5，图2.6）。在捕鱼时，或由水獭下水直接捕鱼带回渔船，或由几只水獭协作，在水下将鱼群赶做一群以便一网打尽。

图2.5　晚清时期湖北宜昌附近渔民和驯养的水獭（来源/Charles Poolton and Special Collections, University of Bristol Library, https://hpcbristol.net/visual/OH02-24，访问时间：2023-02-08）

图2.6　一只被贩运到重庆开县捕鱼的江獭（摄影/苏化龙）

　　除了以抓鱼为由捕捉水獭外，古人也会捕水獭当作宠物饲养，"江湖间多有之（水獭），北土人亦驯养以为玩"（《证类本草》）。然而，并非所有的渔户均有条件或技能将附近水域的水獭驯养来为其服务。自然地，对于那些不能驯养水獭的渔户来说，无法驯化的水獭便成为危害渔业生产的"害兽"（图2.7）而必须加以剿除。因此，自古以来，水獭便因影响渔获而遭到广泛捕杀。西汉时期的《盐铁论》中记载，"水有猵獭而池鱼劳"，而《淮南子·兵略训》亦有"夫畜池鱼者必去猵獭"的描述。在唐朝时，李德裕的《食货论》中也说道："牧羊而蓄豺，养鱼而纵獭，欲其不侵不暴，焉可得也？"明代的佛学经典《云栖法汇》①中对放生的诸项注意事项进行描述时也记载："一宜放鱼、虾、蚌、蛤、螃蟹、螺蛳等，一池中不可放黑鱼、鲇鱼、汪剌、黄鳝、团鱼等，要害好鱼故……一防獭及恶鸟，要爪鱼故"。

_____

① 　《云栖法汇》已被重排为《莲池大师全集》出版。

图2.7　正在大快朵颐的水獭（摄影/韩雪松）

2. 作药用

　　水居食鱼，行踪诡秘，异于寻常动物的外形特征和生活习性使得水獭天然就被蒙上了一层神秘的面纱——"獭者，水兽。水性灵明，故其性亦多智诡"（《本经逢原》）。这一点，从传统医学的视角来看，往往意味着不同寻常的功能与疗效。因此，在传统中医的著述中，水獭由内到外几乎所有部位均可作药用（图2.8）。

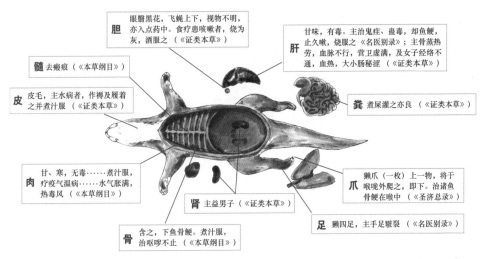

胆　眼翳黑花，飞蝇上下，视物不明，亦入点药中。食疗患咳嗽者，烧为灰，酒服之（《证类本草》）

肝　甘味，有毒。主治鬼疰、蛊毒，却鱼鲠，止久嗽，烧之《名医别录》；治骨蒸热劳，血脉不行，营卫虚羸，及女子经络不通，血热，大小肠秘涩（《证类本草》）

髓　去瘢痕（《本草纲目》）

皮　皮毛，主水病者，作褥及履着之并煮汁服（《证类本草》）

粪　煮屎灌之亦良（《证类本草》）

肉　甘、寒，无毒……煮汁服，疗疫气温病……水气胀满，热毒风（《本草纲目》）

肾　主益男子（《证类本草》）

爪　獭爪（一枚）上一物，将于喉咙外爬之，即下。治诸鱼骨鲠在喉中（《圣济总录》）

骨　含之，下鱼骨鲠。煮汁服，治呕哕不止（《本草纲目》）

足　獭四足，主手足皲裂（《名医别录》）

图2.8　"浑身是宝"的水獭（制图/韩李李，仿Amalgam Model Otter）

獭胆，"眼翳黑花，飞蝇上下，视物不明，亦入点药中。食疗患咳嗽者，烧为灰，酒服之"（《证类本草》）。獭肾，"主益男子"（《证类本草》）。獭肝，"甘味，有毒。主治鬼疰、蛊毒，却鱼鲠，止久嗽，烧服之"（《名医别录》）。"（獭）性专嗜鱼，鱼之生气都聚于肝，是以獭肝专主传尸痨瘵。杀虫之性，与獭之捕鱼不殊"（《本经逢原》），《证类本草》中将水獭的肝视作其精华，并认为水獭"五脏及肉皆寒，唯肝温"，而其可以"主骨蒸热劳，血脉不行，营卫虚满，及女子经络不通，血热，大小肠秘涩"。同时，不知是为了强调獭肝的特殊性还是出于何种原因，古人还认为"诸畜肝皆叶数定。唯此（獭）肝一月一叶，十二月十二叶，其间又有退叶，用之须见形乃可验，不尔多伪也"（《证类本草》）。若无獭肝，使用獭爪亦可，因为"獭爪者，殆獭肝之类欤"（《普济本事方》）；若无獭爪，甚至粪便亦可，因为"煮屎灌之亦良"（《证类本草》）。

獭皮，"皮毛，主水病者，作褥及履着之并煮汁服"（《证类本草》）。獭肉，"甘、寒，无毒……煮汁服，疗疫气温病……水气胀满，热毒风"（《本草纲目》）。獭足，"獭四足，主手足皲裂"（《名医别录》）。獭骨，"（一片）上一味，含之咽津，立下，一方，烧灰，水调服。治诸鱼骨鲠在喉中"（《圣济总录》）；"含之，下鱼骨鲠。煮汁服，治呕哕不止"（《本草纲目》）。獭髓，"去瘢痕"《本草纲目》。晋时王嘉便在《拾遗记》中记录了这样一个故事：三国东吴的孙和为消除邓夫人脸上的剑痕，便重金广征白獭髓与琥珀、玉屑合药，最后引得贵妇宫女纷纷效仿，以至于"诸婢人欲要宠，皆以丹脂点颊而后进幸，妖惑相动，遂成淫俗"。因此，北宋宋庠在《落花》中写道，"泪脸补痕劳獭髓，舞台收影费鸾肠"，而南宋的苏轼也在《再和杨公济梅花十绝》中写出了这样的诗句，"檀心已作龙涎吐，玉颊何劳獭髓医。"

甚至有方认为无须细分，只需将水獭整只焙干后打碎成粉、囫囵吞下便可治病，"若患寒热毒，风水虚胀，即取水獭一头，剥去皮，和五脏、骨、头、尾等，炙令干。杵末，水下方寸匕，日二服，十日瘙"，以及"水獭一个，用罐子纳盐泥固济，放干，烧灰细末。以黄米煮粥，于伤处摊，以水獭一钱末粥上糁，便用帛子裹系。立止疼痛"（《证类本草》）。

更有甚者，对于水獭功用的笃定已经超乎常理，与巫术无异。因为水獭皮张顺滑细腻，便认为孕妇如多穿戴獭皮，睡觉时也卧于其上，便可有助顺产，"易产，令母带獭皮"（《证类本草》），"产母带之，易产"（《本草纲目》）；因为水獭足爪抓鱼敏捷，便认为如有鱼刺卡在喉咙，只需在喉咙处抓挠几下便可使鱼骨滑出，"獭爪（一枚）上一物，将于喉咙外爬之，即下。治诸鱼骨鲠在喉中"（《圣济总录》）。

对水獭功效的笃定不仅出现在中医当中，在各少数民族医学中，水獭也被广泛认为具有不同作用而被用作药材——在藏族医学中，由水獭尾骨等药材制成的酥油丸可以治疗气管炎、肺气肿等肺病；在蒙古族医学中，使用水獭脂肪在腰部摩擦可以治疗肾亏和遗精；在维吾尔族医学中，水獭肉因为"温、重和油腻"可以治疗胃、肾等寒性疾病；在彝族医学中，将水獭心焙干研细，可以治疗心绞痛、胃痛、肝胆痛等疾病；在苗族医学中，水獭肝也被认为是可以治疗癌症的药材（贺廷超 等, 1986; 艾斯卡尔·艾克热木 等, 2011）。

传统医学对疗补作用的笃信显然对水獭来说更为致命，因为相比于渔业生产中对水獭的捕除或驯养，传统医学上的应用使得对水獭的需求就变成了更广阔群体的"刚需"。但是，不难看出，无论是恼于水獭的渔民或是病急求医的显贵，需求的有限性都意味着这样的利用方式很难对中国野外丰富的水獭种群造成致命的影响。相比之下，真正成为摧毁中国乃至周边国家和地区野外水獭种群的，正是其在适应水生环境的百万年中所演化出的华丽毛皮，以及由此激发的欲望与贪婪。

3. 作毛皮兽

"昔者……未有火化，食草木之实，鸟兽之肉，饮其血，茹其毛；未有丝麻，衣其羽皮"（《礼记》），在刀耕火种、茹毛饮血的远古时期，无论是中国的古人还是世界上其他地方的人类，动物的毛皮是蔽体取暖的必需。在《韩非子》中也提到，"古者丈夫不耕，草木之实足食也；妇人不织，禽兽之皮足衣也"。至殷商时代，随着中原地区农耕的开始与普及，棉、麻与丝纺织技术的出现使得服装材料得到了极大的改善，逐渐终结了古人"衣毛而冒皮"（《后汉书》）的生活。然而，因"救寒莫如重裘"的共识，动物的毛皮依然是度过寒冬不可缺少的材料——意为"动物皮衣"的"裘"字，在商朝晚期的甲骨文中便已经出现。

至周朝时，冠服制度日趋完善，并纳入封建礼制，"衣服有制……虽有贤身贵体，毋其爵不敢服其服"，动物毛皮的功能由御寒保暖转变为身份的象征，毛皮的种类与优劣成为区分不同社会阶级与出入场合的标识（崔荣荣 等，2005），如"裘、猞猁非亲王大臣不得服，天马、狐裘、妆花缎非职官不得服，貂帽、貂领、素花缎非士子不得服"（《阅世编》），"本朝极贵玄狐，次貂，次猞猁狲。玄狐惟王公以上始得服。"（《池北偶谈》），以及"羊裘逍遥，狐裘以朝"（《诗经》）。及至春秋时，裘皮仍是贵族或士人阶层区别于普通民众的标志，"彼都人士，狐裘黄黄"（《诗经》）（华彦 等，2010）。在这一时期，虽然毛皮仍在服饰中有所使用，但终究仅限于朝堂礼制而非社会主流。

从可查询到的文献来看，在原先各朝代的精英对裘皮的需求中，对水獭毛皮的使用并非常例。相比之下，貂皮、狐皮、羊皮应是更受追捧的材料。例如，战国时期的两种官帽，"珥弱"和"貂蝉"便均是使用貂尾制成（谢健，2017）。此外，《南史》中的记载也佐证了这样的推测，"陈伯之，济阴睢陵人也。年十三四，好着獭皮冠"。由此记录来看，对于当时的民众，以水獭皮张为原料制作衣物依然是不同寻常而值得记录的。

相比于中原地区更多出于"礼"而对动物毛皮的需求，在气候寒冷的北疆、西域和青藏，动物皮张所制成的衣物便成为那个时代度过漫长冬季的必需品。其中，水獭毛皮光滑润泽，防水保暖，自古以来就被当作制作服饰的上品，进而广受推崇。在东北的山林之中，锡伯族会使用獭皮来制作婴儿的吊篮，赫哲族会使用獭皮来制作御寒的皮帽，达斡尔族会使用獭皮来制作挡风的大衣，而鄂伦春族、鄂温克族和满族均会使用獭皮来制作生存所需的衣裤鞋帽。在西北的原野之上，蒙古族、哈萨克族、维吾尔族、乌孜别克族和柯尔克孜族也会使用獭皮制成名贵华丽的帽子，而土族、裕固族、藏族则会将獭皮制成服装上华丽的镶边与装饰。

特别是对青藏高原来说，纵横密布的水系为水獭的出现提供了绝佳的环境条件，而藏族群众敬畏水而不食鱼的习俗则进一步使得水獭在此得以生存和繁衍。因此，对于游牧于高原的藏族而言，水獭皮便同其他许多野生动物毛皮一样，在其日常生活与节日庆典中扮演了非常重要的角色。根据青海省久治县年保玉则生态环境保护协会对藏族历史文献的整理（2019）：在两千多年前的历史文献《斯巴·占卜书》中便写有"蓝宝石的上衣，带有紫黑色獭皮的吊边"，《才多威震大手印印鉴》中有"妖龙金刚独眼者，骑花白色神龟，身穿福禄。蛇冠者，高悬獭皮宝幢"，阎王玛日则的《众喜修炼法》亦有"东方大将军有……身披白色袍子，獭皮装饰的衣领和袖又，头戴银色头盔"。直到如今，在藏族群众每日例行的煨桑仪式的颂文中也有"獭皮的宝幢，用獭皮缝制的袖又和镶缝新吊边的衣服，披着獭皮大氅的众多土地神"。如果上述对神明盛装和宗教仪轨的记述可以真实反映彼时的服装饰物，那么，对水獭毛皮的利用在青藏高原已起码有两千多年的历史。此外，苯教文典中有："吐蕃第二十七代国王赤多杰赞进军闽时，因象雄佐青多斌降闽有功，赐他虎豹獭之大氅"，而《东噶藏学大辞典》亦有"前国王服饰獭皮镶装等珍贵装饰品分三十四箱，被收藏在则时轮庙和持聘庙"。由此可以看出在赞布王朝时期，由水獭毛皮制作或点缀的服饰在当时珍贵不凡。

在史诗《格萨尔王传》中，也多有对水獭毛皮的记述——"我这昂贵的羔裘，是周姆的长毛大氅。毫无费力镶缝吊边，豹皮装饰领又。大的能遮住整个地，小到能藏到指缝间"（《降魔》），"桑坚周姆说装饰的时候，服装长短十八个，短衣等十九，还有罕见的獭皮大氅"（《赛马称王》），"荣嚓刹苷大将军身穿金黄盛装白色水獭镶缝新吊边"（《大食财国》），"桑坚周姆，身上十八个装饰，羔羊皮袄，用百张獭皮缝制。百张幼獭的皮用在合缝，凶恶的熊皮镶缝新吊边"（《多岭大战》）。

除去贵族与勇士，在从前藏族群众的日常生活中，水獭的毛皮也必不可少。"水獭等水中生存的动物和用它们的皮制作的獭皮大氅"（《呿波赞杰注疏》），"花白水獭装饰盔甲，用獭皮给盔甲做镶边"（《多赞阿华》），"暖和的羊羔皮袄，用花白的水獭皮镶边"（《多宁噶藏曲仲》），"领边是锦缎，衣领是猞猁皮，下衣边用獭皮缝"（《米拉日巴道歌》）。由此可见，藏族群众穿戴水獭皮的服装（图2.9）、饰物已有很长的历史。格萨尔王史诗等很多古文献里的记载也说明水獭皮服饰非常珍贵，有很多用处。

图2.9　有水獭皮镶边的藏族传统服袍（摄影/韩雪松）

如此的服饰风格也在许多史书中得以印证——西汉时《史记》将匈奴描述成"衣其皮革，被旃裘"，三国时《魏略》有"有邑君长，皆赐印绶，冠用獭皮"，东晋时《搜神记》中有"蛮夷者……冠

用獭皮，取其游食于水。今即梁汉、巴蜀、武陵、长沙、庐江郡夷是
也"，《辽史》中也有"私取回鹘使者獭毛裘"，明朝时《天工开
物》中有"西戎尚獭皮，以为毳衣领饰"，清朝时《永宪录》中有
"哨鹿人戴鹿角，衣獭皮"。若由此看，使用獭皮制作或装饰衣物几
乎是彼时周边所有少数民族的风俗（图2.10）。

图2.10　清谢遂《职贡图》中所描绘的衣着兽皮的费雅喀人（局部）（来源/台
北故宫博物院，https://theme.npm.edu.tw/opendata/DigitImageSets.
aspx?sNo=04031401&Key=%E8%81%B7%E8%B2%A2%E5%9C%96^22
^&pageNo=16，访问时间：2023-02-28）

　　即便水獭毛皮被这样广泛地应用于服饰，但对其需求终究还是有
限的。这是因为，落后的生产方式在根本上决定了人口是受土地承载
力约束的，自然地，对于水獭等动物毛皮的需求也是以这有限的人口
为上限的。此外，需求的有限性也意味着合理有度的法令是奏效的，
或至少是存在的——自先秦时起，便已有取用有节的先见，"黄帝之

世，不麛不卵"（《商君书》）。历经两汉魏晋至唐宋，这样的政策始终存在，"鸟兽鱼虫，俾各安于物性，罝罘罗网，宜不出于国门，庶无胎卵之伤，用助阴阳之气，其禁民无得采捕虫鱼，弹射飞鸟，仍永为定式，每岁有司具申明之"（《宋大诏令集》）。

然而，当贸易打开了土地的边界，不同地域的人们由于其物产和生产的差异而被赋予不同的角色时，对于水獭等动物毛皮的需求便不再以本土社区中"人的需求"为度量，而是由贸易所联通的每一处的"人的欲望"所决定的了。而这才是真正压垮国际贸易网络下北半球水獭种群的致命稻草。

二、17世纪至20世纪末国际贸易之下的捕捉与猎杀

1. 从"视之如蛮夷"到"捧之为精英"

如上所述，衣着水獭皮等兽皮在五代十国之前并非流行的做法（图2.11）。相反，从当时的一些书籍中可以看到，这样的习俗常常被视作"野蛮"和"未开化"的象征（谢健，2017）。战国时，公子成在劝阻推行"窄袖短装，皮靴皮带，头戴羽冠"的赵武灵王时便说道："臣闻中国者，圣贤之所教也，礼乐之所用也，远方之所观赴也，蛮夷之所则效也。今王舍此而袭远方之服，变古之道，逆人之心，臣愿王孰图之也！"（《资治通鉴》）。唐代诗人刘商在他的《胡笳十八拍》中讲述蔡文姬被迫远嫁匈奴时写道："水头宿兮草头坐，风吹汉地衣裳破。羊脂沐发长不梳，羔子皮裘领仍左。狐襟貉袖腥复膻，昼披行兮夜披卧。毡帐时移无定居，日月长兮不可过。"

然而，这种对待毛皮的鄙夷态度却在随后的几百年间悄然发生了变化。五代十国之后，中国社会先后出现了由辽、西夏、金、元等少数民族建立的政权。从这段时期的史书中可以明显地发现对水獭等动物毛皮的取用记载开始变得比比皆是——"以私取回鹘使者獭毛裘，及私取阻卜贡物，事觉，决大杖，削爵免官"（《辽史》），"蒙古兵二百余骑，声言捕獭，直入嘉、朔、龟、泰四州之境"（《高丽史》），"著古与等索獭皮万领、绸三千匹、绵

图2.11 中国传统服饰多以棉、麻、丝等为原料（来源/ Public domain picture from Wiki Commons，https://commons.wikimedia.org/wiki/File:%E5%BE%80%E5%8F%A4%E5%AD%9D%E5%AD%90%E9%A0%86%E5%AD%AB%E7%AD%89%E7%9C%BE.jpg，访问时间：2023-02-08）

一万斤，他物称是" "每丁岁输狐皮一、白熊皮一、黑貂皮一、常貂皮一、獭皮一"（《新元史》），"乙卯，征东末吉地兀者户，以貂鼠、水獭、海狗皮来献，诏存恤三岁"（《元史》），"乃许八人升殿传蒙古皇太弟钧旨，索獭皮一万领、细绌三千匹、细苎二千匹"（《高丽史》）……而在少数民族政权统治之下的汉族地区，衣冠服饰也在统治阶级的影响和民间文化的交汇当中出现了不同程度的流变（例如，在元代时风行的窄袖袍服、胡靴胡帽等）。然而，尽管如此，如貂、獭等稀有高档的动物毛皮始终被统治阶级视作其区别于底层"贱民"的身份标志，因而受到了严格的管控，"壬戌，诏夷离堇及副使之族并民奴贱，不得服驼尼、水獭裘……惟大将军不禁"（《辽史》）。因此，在这段历史时期中，虽然对水獭等动物毛皮的取用随着其统治范围的扩大而有所增加，但终究限于统治阶层的规模而难以对野外的水獭种群造成实质性的影响。

随后，在历经了元朝近百年的统治后，明朝上采周、汉，下取唐、宋，对服饰制度进行了大规模的调整。然而，虽上有政府极力恢复衣着古制，下有农业及手工业发展丝绵绸缎的大量普及，但社会上对于动物毛皮的追捧和迷恋并未消失，反而愈加严重了（梁惠娥，2016）。在官员和富商之中，奢靡之风盛行，除了将大面积名贵毛皮用于成衣制作外，各种毛皮制成的配饰也不断出现，例如，由水獭皮张制成的女帽，"水獭卧兔儿"（陈芳，2012）（图2.12），以及《浙江通志》中所记载的，"万历钱塘县志土人取獭皮为女帽，名'一盏灯玉面狸'"。就这样，社会上对皮张的态度从古时的"狐襟貉袖腥复膻"（《胡笳十八拍》），转变为"寒回死等桃花雪，暖透生憎柳絮风"（《古今谭概》），宁死不愿脱下。此外，衣着毛皮之风除在中国风靡之外，也随着明朝的影响力在很大程度上影响和塑造着周边地区的审美与潮流——在1430年，朝鲜王宫便注意到这一点，"土豹貂皮，中国之人以为至宝"，随后便也开始要求其高级贵族佩戴由貂皮装点的帽子（谢健，2017）。

图2.12　清姚文瀚《岁朝欢庆图》中头戴"卧兔儿"的老妪（局部）（来源/台北故宫博物院，https://theme.npm.edu.tw/opendata/DigitImageSets.aspx?sNo=04017419&Key=%E6%AD%B2%E6%9C%9D%E6%AD%A1%E6%85%B6%E5%9C%96%22^&pageNo=1，访问时间：2023-02-08）

对于水獭等动物毛皮的旺盛需求也可以从明朝的土贡中得到反映。例如，在1490年《八闽通志》关于福建汀州府的土贡记录中，仅长汀、连城与归化三县自明朝建立以来，便累计上贡各种动物毛皮562张，其中包含"水獭狸"皮179张，而这在之前的唐、宋、元等朝代的记录中是从未出现过的（曾威智，2008）。但是，旺盛的需求显然无法仅通过有限的土贡来支持，于是更多的毛皮便开始通过贸易从西伯利亚和库页岛流向明朝社会精英的手中（谢健，2017）。

自唐宋起，来自辽远的北方森林与草原中的动物毛皮便已开始经由游商散贩之手进入中原地区（曾威智，2008）。1571年，在隆庆和议之后，明朝和蒙古便结束了敌对关系，开启了边境互市，而这显然使得贸易变得更加便捷和规模化了。作为其中最重要货物之一的动物毛皮，便将明朝、朝鲜、日本的消费者同松花江、黑龙江以及太平洋西北诸岛等毛皮出产地的居民联系在了一起（谢健，2017）。在这张网罗了整个环北太平洋的贸易网络中，水獭毛皮正是其中重要的货品之一——在1589年明朝的税则当中，水獭毛皮"每十张税银六分"，这在当时相当于每一百张獐皮的税收（《东西洋考》）。

但是，在此处必须强调的是，广布于欧亚大陆的欧亚水獭并不是这张贸易巨网之下唯一的货品。几乎就在同一时刻，另外一种虽在彼时中国少有分布的水獭亚科物种，其命运也开始为这片土地上人们的需求所左右，这便是曾广布于太平洋北部沿海的"海龙"——海獭（sea otter, *Enhydra lutris*）（图2.13）。相比于其他哺乳动物，由于对海洋环境几乎专性的偏好，海獭演化出了极为致密、光亮的毛皮——"其毛发密度为哺乳动物之最，每平方英寸的毛发可达百万根"（Dolin, 2014）。早在唐朝时，《本草拾遗》便记载"海獭生海中，似獭而大如犬，脚下有皮如胼拇，毛着水不濡。人亦食其肉"。至明朝时，在李时珍编撰的《本草纲目》中，也以"海獱"为名进作了记载："大獱小獭，此亦獭也。今人以其皮为风领，云亚于貂焉"。从"亦食其肉"到"以其皮为风领"，说明远在北太平洋的海獭已经以毛皮的属性进入中国市场，并同貂皮一起成为社会精英眼中最为名贵和炙手可热的货品。

图2.13　漂浮在北太平洋海藻森林上的海獭（摄影/Kedar Gadge）

　　随后，正是因为在开放互市的关口向明朝出售山货和毛皮而积累了"民殷国富"第一桶金（刘世哲，1984），身处关外的满族人最终击败了明朝军队，从而入主中原。随之而来的，便是对中原审美与追求的再一次改变与颠覆。

2. 从"阶层象征"到"财富标志"

　　不同于这片土地上更看重通过毛皮标榜阶层的"社会功能"的统治者们，身处寒冷关外的满族在其祖辈便有衣服兽皮的传统，"以化外不毛之地，非皮不可御寒，所以无贫富皆服之"（《大金国志》）。对于毛皮如此执着与迷恋从清兵入关后对明朝龙袍的改造中便可见一斑——当入主北京后，多尔衮下令将在明朝宫廷中缴获的丝绸龙袍的领子、袖口和衣襟上嵌满貂皮和海獭皮（Cammann，1949；谢健，2017）（图2.14）。除此之外，对各式动物毛皮的取用也被明确地纳入了皇家礼制和官员服制当中。除在初冬时穿着黑貂皮和黑狐皮马褂外，在冬季的其他月份皇帝也按例穿着镶嵌着海獭皮的龙袍（谢健，2017）。同时，在亲王和官员的服制中，海獭皮也是不可缺少的材料，"衣冠定制，寒暑更换，皆有次序。由隆冬貂衣起，凡黑风毛袍褂如玄狐、海龙等，皆在期内应穿"（《道咸以来朝野杂记》）。

　　正因如此，清朝创立了多套制度来确保毛皮的充足供应。首先，名贵的动物毛皮成为藩属国朝贡物品中必不可少的组成部分。例如，

图2.14　身着毛皮镶边龙袍的雍正皇帝（来源/Public domain picture from Wiki Commons，https://commons.wikimedia.org/wiki/File:%E9%9B%8D%E6%AD%A3%E5%B8%9D.jpg，访问时间：2023-02-08）

在崇德元年（1636）皇太极攻陷江华岛后，随即要求朝鲜"每年进贡一次"，而且例贡中必须包括"水獭皮四百张"（《清史稿》）。其次，在东北，清朝设置了三项毛皮征收制度，第一项是在宁古塔和三姓地区以家族和村落为基础的征收制度，第二项是黑龙江下游的边民姓长制，第三项是地处黑龙江上游和东北丘陵地带布特哈八旗的齐齐哈尔会盟制度（谢健，2017；周喜峰，2020）。在西北地区，清朝也勒令属地按期按量上缴毛皮，例如，1757年，在罗布泊中发现了罗布人的存在后，便要求每户每年上缴两张水獭皮（一说"岁贡水獭皮九张"）（艾比不拉·卡地儿，2014）；1758年，要求在唐努乌梁海每户每年须向朝廷缴纳貂皮三张，而不足者可用其他动物毛皮充贡，其中雪豹皮、猞猁狲皮及水獭皮每一张便可抵貂皮三张，而如狐皮、扫雪皮（一种白鼬的皮）、狼皮等每两张才折貂皮一张（《军机处满文录副奏折（乾隆二十三年十二月十三日）》）（赖慧敏，2019）（图2.15）。特别是对于最为名贵的海獭皮来说，清初时，朝廷还在珲春设库雅拉打牲丁一百二十名，挑放嘎山达三名，管理在符拉迪沃斯托克以东黄岛一带的捕海獭事务（因捕捉海獭十分危险，后于康熙五十三年时被废止）。

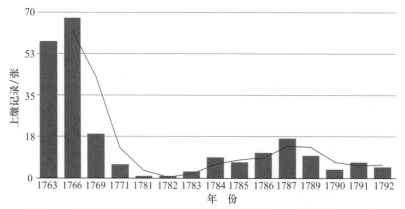

图2.15　唐努乌梁海贡貂记录中的水獭皮上缴记录（赖慧敏，2019）

　　然而，衣着动物毛皮已经不再只是社会精英阶层所独有的特权。清初时，虽然也通过施行隔离、"剃发易俗"和禁奢令等手段来强化满汉的区分，并将衣着貂皮、獭皮等名贵动物毛皮视作皇族的特权

（梁惠娥，2016），不过，从康熙年间开始，为了拉拢和奖励亲信大臣和有功官员，皇帝便开始把毛皮、袍子和马褂赏赐给受宠的汉人大臣（谢健，2017）。于是，穿着毛皮以风尚和潮流的形式重回市井，成为此时融合了满汉服饰的社会广受追捧的对象。正如清代史学家姚廷遴在其所著的《历年记》中所写道的，"（此前）庶民极富，不许戴巾。今概以貂鼠、骚鼠、狐皮缨帽，不分等级，佣工贱役及现在官员，一体乱戴，并无等级矣""至海獭、骚鼠、海驴皮之类，人人用以制冠矣，从前不知此种在何处也"。康熙年间的龚炜在《巢林笔谈》中记载江苏一带的民俗时提到："余少时，见士人仅仅穿裘，今则里巷妇孺皆裘矣"，温暖的江苏一带尚且如此，北方毛皮之风行可想而知。于是，从此开始，衣着毛皮从社会上层精英的特权转变为了普罗大众的追求，在这背后，是毛皮作为一种符号从阶级贵贱的标志向财富多寡的象征的致命转变（谢健，2017）。相较于基于本土社区原始的自然利用，商业贸易最大的区别在于其无限性。传统的原始利用往往只服务于本土居民日常生产生活的有限刚需，而贸易创造出的需求则是近乎无限的。

也正是此时，康乾盛世下的和平与马铃薯的推广使得人口迅速增长，商业快速扩张，社会极大繁荣（谢健，2017）。在这样的背景下，尽管仍有缎纱细皮不得滥用的规定，但毛皮的风靡显然达到了最高潮（图2.16）。

正因如此，对毛皮旺盛的需求促生了大量行业，收购、运输、熟制、加工、销售、典当等，大量商贩、工匠投身其中，经营着各地所产的各式毛皮——大如熊、狼、虎、豹，小如骚鼠、扫雪，不一而足。单单水獭这一类群，根据典当行书的记载，便有海獭和"数种"水獭。其中，海獭皮（又称"海龙皮""海驴皮""银针"等）（图2.17）最优，乾隆年间每张至少值银十五两。因成年海獭须至大海中捕捉，十分困难和危险，因此也常直接在近海江口处捕捉海獭幼崽，名曰"太平貂"。但其毛皮较海獭差，"可以做衣服者少，其尾较比周身毛片都好，别无用处，惟做领子"（《当谱集》），因此价格也要低廉许多，其税仅为海龙皮的四分之一（陈湛绮，2008）。

图2.16　晚清时身着裘皮的清朝贵族（摄影/赖华芳，https://commons.wikimedia.org/wiki/File:Qing_nobleman_in_winter_coat,_1860s.png，访问时间：2023-02-08）

而水獭，由于分布广泛、亚种众多，因此"处处皆有，好歹不一"（《当谱集》）。其中，头等为来自西藏的"藏水獭"，"毛纯而亮，紫色到根"，可值银六两；随后为来自北口之外的"藩邦水獭"（应为"番板水獭"），"毛淡紫色黄根"，可值银四两；关东盖州出产的"江獭"（应非今日江獭这一物种），"其毛小而坚硬，做帽檐者，因其毛黑亮，每逢换煖帽时，官员入朝用之做马褂，战裙亦可用之"，同样值银四两；最后为来自俄罗斯的"锅盖水獭"，其"毛黑黄色灰根"（《当谱集》《论皮衣粗细毛法》《当谱》）（赖慧敏等，2013）。根据徐龙辉先生的整理，在以上记述当中，除海獭之外的各种不同水獭应均为欧亚水獭在中国及周边地区的不同亚种，因为其毛皮质量最好，分布较广而产量最高。例如，"东北出产的水獭皮，毛密而厚，以现值来说，每方市尺值75元；长江流域出产的水獭皮，毛稀而薄，每方市尺只值35元"（寿振黄，1955）。至于江獭，虽然皮板较大，但绒毛短疏而无光泽，毛皮单价比欧亚水獭的低廉许多，加之分布区域狭窄，产量十分有限；亚洲小爪水獭毛皮质量虽好，但皮板太小，产量有限，经济价值也远不如欧亚水獭（徐龙辉，1984）。

图2.17　阿拉斯加工人剥制的硕大的海獭毛皮（来源/Public domain pictures from U.S. National Oceanic and Atmospheric Administration，https://commons.wikimedia.org/wiki/File:Skins_of_sea_otters_1892.jpg，访问时间：2023-02-08）

3. 无限的欲望，有限的"资源"

　　面对全国上下对毛皮近乎疯狂的迷恋，全国乃至跨国的毛皮贸易便自然成为填补缺口的唯一可能的方式。1685年，清政府在广州设立海关开始同欧洲进行贸易，而随着1689年《尼布楚条约》和1728年《恰克图条约》的签订，中国和俄国的陆路贸易也正式在恰克图启动（图2.18）。随后，从18世纪80年代到19世纪30年代，北至堪察加半岛、阿留申群岛、阿拉斯加，南至新西兰和太平洋海岛，以英、美、俄等国家为主的各国商人开始从世界各地将猎获的毛皮贩运至广州和恰克图（Pomeranz et al., 2014；周湘，2000a）。就这样，南北半球的毛皮贸易使得中国对毛皮旺盛的需求得到了最大限度的满足，并使得中国逐渐超越欧洲成为全球毛皮货物的最大市场（梁立佳，2016）。以至于到道光年间时，"不论富贵贫贱，在乡在城，男人俱是轻裘，女人俱是锦绣"（《履园丛话》）。甚至在四季如夏的广州，冬天都流行将海獭皮、貂皮等镶在领子袖口，名曰"衣缘皮"。

图2.18　北京往返恰克图贸易的驼队（来源/Public domain picture from National Gallery of Art Library, Washington, DC, https://commons.wikimedia.org/wiki/File:James_Ricalton,_Peking,_China_by_Underwood_%26_Underwood.jpg，访问时间：2023-02-08）

在恰克图，1757—1784年间，各种动物的毛皮已成为俄国出口的最大宗货物，占到俄国对华出口价值总额的85%，而直到1825年仍占俄国出口商品的半数（周湘，2000a）。由此，恰克图在18—19世纪中叶同英国伦敦、美国纽约、德国莱比锡和俄国诺夫哥罗德一同成为全球最大的毛皮集散地（周湘，2000a）。此时，随着大量来自俄国的貂皮涌入中国，貂皮价格暴跌，海獭皮便不再是李时珍口中"亚于貂"的存在了，转而成为中国毛皮市场中最珍贵和炙手可热的商品。到18世纪时，海獭皮售价每张达银三四十两，而貂皮只值银两三两（赖慧敏 等，2013）。因此，在高额利润的诱惑下，俄、美公司开始在其美洲殖民地野蛮强迫原住民猎杀海獭。例如，在阿留申群岛，阿留申人曾在几个星期内捕杀了超过800只海獭，而在费拉隆群岛，原住民曾在一个捕猎季捕杀了超过8000只海獭（Dolin，2011）（图2.19，图2.20）。最终，在俄属移民区沿岸，每年平均有50艘外国船只运走1万到1.5万张海獭皮（蔡鸿生，1986），其中大部分经由西伯利亚送往恰克图，而另一部分则在美洲出售给外国商人，再由其带往夏威夷和广州，但最终，几乎全数销往中国。从1779年至1818年，俄、美公司累计从阿拉斯加、阿留申群岛、加利福尼亚、夏威夷、千岛群岛以及科曼多尔群岛的俄属美洲获得了不少于80 271只海獭和1 493 626只海豹，总价值高达16 376 095卢布（叶尔莫拉耶夫 等, 2018）。

图2.19　被俄国人奴役而去捕捉海獭的阿留申人（来源/Freshwater and Marine Image Bank, University of Washington, https://commons.wikimedia.org/wiki/File:FMIB_46013_Sea-Otter_Fishery_of_Alaska.jpeg，访问时间：2023-02-08）

ALEUTES CLUBBING SEA OTTERS

During a furious gale on the Chernaboor Rocks

图2.20　被俄国人奴役而去捕捉海獭的阿留申人（来源/Freshwater and Marine Image Bank, University of Washington，https://commons.wikimedia.org/wiki/File:FMIB_45349_Aleutes_Clubbing_Sea_Otters.jpeg，访问时间：2023-02-08）

在广州，几乎在同一时期（1776），英国船长詹姆斯·库克率领"坚定号"和"发现号"远航美洲西北岸，在努特卡湾向温哥华岛西岸的原住民廉价交换了约1500张海獭皮，并在1779年抵达广州黄埔港后以每张40～120美元的高价迅速销售一空（蔡鸿生，1986）。"西北海岸一件6便士的海獭皮在广州可以卖到100美元"，海獭皮很快便被英、美等国的商人视为平衡其巨大贸易逆差的救命稻草，他们开始大肆从加利福尼亚海域获取被捕杀海獭的毛皮并贩运至中国——"好比是发现了一条新的黄金海岸，不同国家的人都冲进这个有利可图的买卖中去了"（Irving，1836）（图2.21）。于是，1784年2月，美国开向中国的第一艘商船"中国皇后号"驶离纽约港，搭载着2600张动物毛皮及其他货物，开向了广州。与此同时，1785年恰克图市场由于清政府的禁令关闭，广州的皮货市场开始呈现繁荣。在1788年之后的四五年间，毛皮价格攀升了20%（周湘，2000b）。根据1801年广州的市场价格，海豹皮每100张为80块银圆，海狸皮每张6块银圆，而海獭皮每张22块银圆（Latourette，1917），高昂的利润使得一次航行的收益往往能达到成本价值的3～5倍。1804—1814 年间，由 21 艘美国商船携带的50.78万美元的货物首先在西北海岸换回了491 981美元的毛皮，随后在中国卖了1112.3万美元，财富增加了近22倍（Dolin，2011）。

图2.21　1777年，在美洲西海岸同印第安人交换毛皮的英美商人（来源/Public domain pictures of Library and Archives，https://commons.wikimedia.org/wiki/File:A_Map_of_the_Inhabited_Part_of_Canada._Frontispiece_by_William_Faden_1777.jpg，访问时间：2022-02-08）

于是，在随后的半个世纪，数以千万计的各种动物毛皮从世界的各个角落经由外国商船运入中国。其中，仅针对最为名贵的海獭皮而言，根据赖慧敏等（2013）对《英国东印度公司对华贸易编年史》（Morse，1926）等资料的整理，在广州口岸：1787年，广州十三行商之一的石琼官收入由英国商船运来的价值50 000美元的海獭皮（按时价应不少于2400张）；在1791年，英国商船向广州运入海獭皮8608张；1792年，英国商船运入海獭皮8314张，美国运入海獭皮5425张，而其中仅波士顿商船"马加列特号"一艘，便携带大约1200张海獭皮，并全部在广州顺利售出（蔡鸿生，1986）；1794年，英国商船"詹尼号"（Jenny）从美洲西北海岸驶入广州，运来海獭皮1600张；1796年，英国商船运来海豹皮和海獭皮7549张，美国三艘商船运来各种毛皮总计19 846张；1797—1799年，英美商船总计运来各式毛皮871 961张，海獭皮数量不详，其中仅1798年波士顿商人便输入海獭皮1250张（付成双，2016）；1800年，仅一年时间，美国商船就从俄属美洲运走了18 000张海獭皮（蔡鸿生，1986）；1801年，美国商船运来优质毛皮444 087张，英国商船运来123 014张，其中海獭皮具体数量不详；在随后的1802年，仅美国商船便输入45 427张海獭皮，这是北美毛皮输华的鼎盛年份之一。1804年，广州输入海獭皮8200张，时价每张23～24块西班牙银圆；1805年，又有美国三艘商船输入海獭皮14 002张，加上俄国商船"涅瓦号"的4007张，"希望号"414张，当年总计进口海獭皮18 423张（蔡鸿生，1986）；1806年，广州累计进口海獭皮17 445张；1807年，进口海獭皮14 251张；1808年，进口海獭皮16 647张；1809年，进口海獭皮7944张；1810年，进口海獭皮11 003张；1811年，进口海獭皮9200件；1812年，进口海獭皮11 593张；1813年，进口海獭皮8222张（图2.22）。据Latourette（1917）统计，在1817年以前的25年间，美国年均销往中国的海獭皮约14 000张，价值350 000 美元；从1784年到1833年，美国商船到访中国至少1352次，而在搭载的货物中，最主要的就是海獭皮、海豹皮等动物的毛皮。

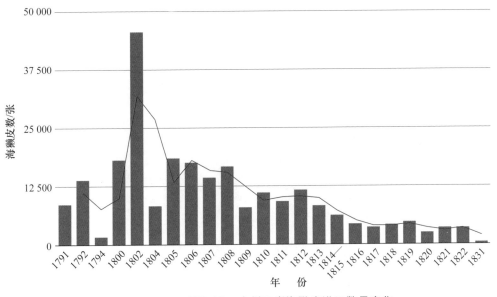

图2.22　广州口岸海獭皮进口数量变化

　　除去库页岛、阿留申群岛等地，海獭在亚洲还分布于日本的北海道海域，自然也难逃被捕杀的厄运（图2.23）。早在18世纪初国际毛皮贸易尚未兴起时，日本便已开始向中国贩运海獭皮，只不过数量较少（1785年前仅70张）（谢健，2017）。但在1785年，随着恰克图阶段性闭市的实施，清朝从日本进口的海獭皮数量显著增加，并在随后的20年里达到平均每年275张。1810—1821年间，清朝每年从日本进口的海獭皮达到725张，几乎是起初的三倍。其中，1812年拿破仑入侵俄国时，这一数字更是达到了每年1400张（Walker，2001）。正如谢健在《帝国之裘》中所说，"从西伯利亚到北海道、加利福尼亚，条条大路通中国"。

　　显然，面对远超其种群自然增长的捕杀，任何物种都绝无可能保持其种群的健康维系。在18世纪以前，作为食肉目水獭亚科中体型最大的物种，海獭的三个亚种曾占据了整个太平洋北部的沿海生境，其中：指名亚种（*E.l.lutris*）分布于库页岛、千岛群岛、堪察加半岛等太平洋西北海域，阿拉斯加亚种（*E.l.kenyoni*）分布于阿留申群岛和阿拉斯加湾等太平洋东北海域，而加州亚种（*E.l.nereis*）则分布

图2.23 日本沿海的海獭也未能逃脱被捕杀的厄运（来源/Public domain picture from the Metropolitan Museum of Art, New York City, https://commons.wikimedia.org/wiki/File:MET_DP211886.jpg，访问时间：2023-02-08）

于从弗拉特里角至下加利福尼亚半岛沿岸的较温暖水域中。然而，随着数以十万计的海獭毛皮从北太平洋沿岸流向中国，在短短数十年的时间内，从18世纪中期开始，海獭便从其位于库页岛、北海道、阿留申群岛、阿拉斯加、加利福尼亚和墨西哥等地的分布区迅速走向灭绝（Gibson, 1999; Richards, 2003）。

相应地，在俄属美洲，海獭的捕获数量从1797—1821年间的72 894只，下降到1842—1861年间的25 602只，减少了47 292只（Okun, 1939）。在美洲西北海岸，海獭皮张的猎获量从1802年的15 000张下降到1830 年的300张（Gibson, 1999）。相比于19世纪初时年均大约15 000张的进口量，广州口岸1814—1815年仅进口海獭皮6200张，1816年4300张，1817年3650张，1818年4177张， 1819年4714张， 1820年2488张，1821年3575张，1822

年3507张……至1831年时，广州口岸全年进口的海獭皮仅剩329张（Latourette, 1917; Fisher, 1934; 蔡鸿生, 1986; Richards, 2003; 梁立佳, 2016）。随着海獭种群的崩溃，美国商人输入广州的毛皮的收入也从1821年的480 000美元下降到1839年的56 000美元（付成双, 2016）。1832年，一名美国著名海獭商人写信告诉他的船长，"今年的贸易季，我不会装备任何船只，这项生意已经无利可图"（Richards, 2003）。就这样，盛极一时的海獭毛皮贸易随着俄属美洲与西北海岸海獭种群的崩溃而结束了。

　　于是，声称是对实际上已经失去利用价值的海獭种群的"可持续发展"的考虑，1911年，俄国、日本、英国（代表加拿大）与美国共同签署了一项保护毛皮兽的公约，其中规定暂停一切对海獭的"收割（harvesting）"活动（van Blaricom, 2001）。而至此时，曾经以数十万之众慵懒漂浮在北太平洋上的海獭（图2.24），全球种群数量仅剩1000～2000只（Sato, 2018）。

图2.24　一张拍摄于19世纪的海獭栖息地照片，现已无法得知这张照片对这群悠然的海獭而言意味着什么（来源/Public domain picture from US National Park Service，https://commons.wikimedia.org/wiki/File:Sea_Otter%3F_(2989a32b8156452e92354401d82293f6).jpg，访问时间：2023-02-08）

4. 国外海獭捕杀的结束，中国水獭厄运的开始

随着北太平洋上海獭等毛皮动物种群的逐渐消亡，英国等资本主义国家便开始着手选取用以平衡其巨大贸易逆差的替代商品。随后，大量在印度等英国殖民地种植的鸦片被走私贩运至中国，最终在19世纪中叶导致了如《南京条约》《天津条约》《北京条约》等一系列屈辱的、不平等条约的签订。紧接着，外国资本大举入侵中国，而中国民间手工业和商业因无力抵挡外商倾销的低价商品而纷纷破产，社会局势动荡，消费者购买力下降（赖慧敏 等，2013）。从1846年初开始，毛皮便已在恰克图开始出现滞销现象。中国对海獭皮的需求几乎降到冰点，而仍有销量的河狸皮、北极狐皮和猞猁皮等也销售惨淡，例如，1848年恰克图储备的毛皮有15 826张，却仅售出5434张，剩余超过六成（叶尔莫拉耶夫 等，2018）。

然而，毛皮动物种群的消亡和中国消费者购买力的降低并没有为罪恶的毛皮贸易带来终结。在当时的世界，对于毛皮的狂热并未局限在东亚的土地上，相反形成了席卷整个北半球国家的风潮。于是，中国在上百年间形成的毛皮进口—加工—销售产业链就地转型，大量以处理毛皮为生计的手工业者和商人开始从中国收购毛皮，精细加工后销往国外，并在1860年前后构建起了向西方国家出口毛皮的产业链与外部市场（赖慧敏 等，2013；姚永超，2015）（图2.25）。特别是随着20世纪上半期中国腹地

图2.25　20世纪初华人在美国开办的皮草公司（来源/Public domain picture from the United States Library of Congress's Prints and Photographs division, https://commons.wikimedia.org/wiki/File:Kung_Chen_Fur_Corporation,_New_York,_1934.jpg，访问时间：2023-02-08）

铁路网络建成，数以万计的野生动物毛皮从中国西部的乌鲁木齐、西宁、兰州，到东部的哈尔滨、天津，经过层层集散，最终汇聚成了向欧洲、俄国和日本等地输出动物毛皮及高级成衣的热潮（姚永超，2015；张智超，2021）。

在这样的输出背后，是中国大地上野生动物真正的浩劫。例如，在东北地区，随着19世纪后半期东北的全面开放与开发，到1932年时，东北北部总狩猎区面积已达150 000 km²，其中呼伦贝尔、大兴安岭、小兴安岭、东部地区分别为16 000、50 000、14 000、70 000 km²，而这些地方的职业猎师分别为1520、3320、1800、8610人，总计15 250人，人均狩猎面积不到10 km²，十分密集（杨大荒，1934）。然而，这仅仅是政府登记在册的职业猎师。据1928年刊登的《"北满"出产之各种皮货统计》一文统计，整个地区猎户实际"多至三十余万，较前增加数倍且猎取方法，亦日进完善。生产虽减，而每年猎取数量仍能保持二十年前之原状。惟恐数十年后，难保不有减种之虞"。

正因如此，中华民国北京政府农商部在1914年（民国三年）颁布了我国近代第一部关于野生动物管理的法律《狩猎法》，又在1921年（民国十年）颁布了《狩猎法施行细则》，对狩猎的时间、地点、种类、捕捉工具等做出了规定与限制。但是，当人都在社会动荡中漂泊浮沉如蓬草时，又有谁真的能够执行、遵守和监督这些法令呢？

外部市场的需求使得大量猎户和商人大肆滥捕滥销，最终导致在短短几十年间，全国范围内野生动物种类和数量迅速减少。自然地，作为提供最为名贵的动物毛皮之一的水獭（1927—1928年时，每张獭皮价值仍可达80～120元《三姓皮货出产最近调查》），则被裹挟在这一洪流中，无处遁藏。在新疆，仅1903年一年，乌鲁木齐便向俄国输出各种野生动物毛皮生皮11 846张，其中水獭皮便有2690张（黄达远，2005）；在四川，1929—1933年间，每年输出各类狼皮、猞猁皮、狐皮、豹皮等野生动物毛皮数十万张，其中水獭皮达"四五万张"（郭声波，1993）；在青海，1935年之前，每年输出狐皮、狼皮、猞猁皮、雪豹皮等数万张，其中水獭皮约200张（陆亭林，1935）；在甘肃，

1920—1930年间有猞狸皮、水獭皮、金丝猴皮等生皮8万余张，运抵兰州硝制后再销往他处（陈莉君，1987），而1939年前甘南的夏河年均集散水獭皮达2850张（高旭龙 等，2014）；在东北，1926年之前，年集散貂皮、熊皮、豹皮、旱獭皮等野生动物毛皮逾百万张，其中水獭皮约3200张（哈尔滨2500张，吉林500张，奉天200张）（《东三省之皮毛业》），而随后数量便开始下降，1927年1378张，1928年482张，而至1929年仅剩20张（《"满洲"贸易详细统计》）……社会的动荡并没有给动物以喘息和繁衍的机会，相反的是，对二者来说都是难以逃脱的浩劫。例如，1910年东北大鼠疫便是对旱獭的捕捉及其皮张的贩运所引起的（图2.26）。

图2.26　1910年东北大鼠疫（来源/ Public domain picture of Thomas H. Hahn Docu，https://commons.wikimedia.org/wiki/File:Picture_of_Manchurian_Plague_victims_in_1910_-1911.jpg，访问时间：2023-02-08）

　　中华人民共和国成立之后，在社会认识的强大惯性之下，"野生无主，谁猎谁有"的认识自然地延续到了新时代。虽然早在1950年时，成立不到一年的中央人民政府便发布了《稀有生物保护办法》以对动物的猎取进行限制。但在百废待兴的新中国，人尚且不能温饱，又有谁会真正在意动物的生死呢？因此在相当长的一段时间内，很多野生动物不是被视作"害兽"而加以剿除，便是被当作"资源"而成为国家出口创汇的重要物资（图2.27）——"野生动物的毛皮，一般很贵重，拿出来出口也很值钱。例如出口两千多张黄狼皮，就可换回一部联合收割机，十几张水獭皮就可换回一吨钢材，八十多张灰鼠皮就可换回一吨肥田粉"（于焕宸，1956）。

1956年，在第七次全国林业会议上，林业部颁布了《狩猎管理办法（草案）》，其中规定应对狩猎工作加强管理；1957年由中共中央政治局公布的《一九五六年到一九六七年全国农业发展纲要（修正草案）》中，规定了"在十二年内，在一切可能的地方，基本上消灭危害山区生产最严重的兽害。保护和发展有经济价值的野生动物"。1957年，公安部和林业部联合颁布了《关于猎枪弹药管理办法》，对猎枪的制造、购买、持有、使用、运输等做出了规定；1958年，国务院正式批复林业部"把全国狩猎事业指导管理起来，具体业务应该由地方人民委员会负责管理"；1959年2月，林业部发布了《关于积极开展狩猎事业的指示》，同年3月又分别在北京、兰州、郑州召开东北、西北以及南方各省的狩猎、林副产品座谈会，会后各省区便陆续召开了狩猎工作会议，

图2.27　捕捉水獭，支援出口
（摄影/韩雪松）

并发布了在各地开展狩猎生产的通知。在由武警、公安、农业、林业、供销等各有关部门组成的狩猎生产指挥部和狩猎生产办公室的领导指挥下，各区、县、市开始有组织地开展狩猎工作。

"是皮就买，是毛就收，大收大购"，就这样，野生动物捕猎在方兴未艾的中国如火如荼地延续了下来。在陕西，1960年在汉中、安康、商洛三个专区的10个县市中，共组织狩猎队2689个，猎民4万余人，共猎取鸟兽超过680 000只，而1963年全省15 072个狩猎队共猎获各种野生动物608 012只（《陕西省志：林业志》）。1963年，在湖南，邵阳、常穗、益阳、湘潭、郴州、株洲、长沙七个专区、市共组织了狩猎队7885个，猎民11 763人，猎犬29 552只，猎枪46 876支（《湖南省志：林业志》）。

于是，在1950—1970年短短二十年间，据不完全统计，全国累计收购野生动物毛皮超过2.89亿张（《国务院批转商业部、外贸部、农林部关于发展狩猎生产的报告的通知》），而在1956—1965年间，全国平均每年收购野生动物毛皮超过1600万张（《中国供销合作社统计资料1949—1988》）。在"16尺棉布"的激励下，水獭作为珍稀的"毛皮兽"也再一次未能幸免（《国务院关于一九六三年收购出口副食品、土特产品、畜产品等五十一种商品奖售办法的通知》规定，每回收1张水獭皮，猎户平均可获奖励16尺棉布）。例如，湖北省在1954—1959年之间总共收购超过30 000张水獭皮，其中仅1955年一年即有超过14 000只水獭被捕杀（黎德武 等，1963）；在湖南省，1951—1981年，全省收购野生动物毛皮1570.3万张，最多一年甚至收购水獭皮25 733张（谢炳庚 等，1991；Li et al.，2018）；在江西省，1954—1960年，全省平均每年收购野生动物毛皮51万张，随后便在1961—1969年间下降至35万张，在1980年后下降至24万张，但其中水獭皮平均每年可达"千张以上"（《江西省志：林业志》）；在福建省，在60年代中期每年可收购水獭皮2000～3000张（特别是1963—1966年间，其中1965年高达3223张）（詹绍琛，1985）；在广东省，50年代初收购毛皮数以万计，产量几乎占全国总产量的1/3，而仅海南岛1955年就收购毛皮4307张（徐龙辉，1984）；

1977—1978年两年，浙江省仍收购水獭皮678张（诸葛阳，1982）；在东北地区，已历经近代几十年的疯狂捕杀后，吉林省1950年仍"生产"水獭皮40张，而1973年的冬季狩猎计划中仍明列水獭皮780张（《吉林省志：林业志》）。

在这一时期，"野生无主，谁猎谁有"的认识已成为全社会的普遍共识，而即便是科研社团亦无法跳出这一视角。纵观我国现代自然科学研究的历史，相较于其广泛的分布，水獭这一类群在20世纪从未真正进入过科研人员的视野。60年代起，有关水獭的研究开始见诸国内少数学术期刊。然而，受限于当时特定的历史及社会背景，有关水獭的调查和研究内容几乎均同如何"消除"或"驯化"这一"渔业害兽"相关——例如，《麻阳县怎样饲养水獭》（廖开燧，1959），《水獭的饲养和繁殖》（崔占平，1959），《用水獭捕鱼》（邢湘臣，1965），《冬季活捕水獭的方法》（郭文场 等，1964），《利用活鱼诱捕水獭》（向长兴，1965），等等。

就这样，曾经发生在北太平洋的海獭身上的厄运也终于降临在了中国大地的水獭身上——在1950—1961年间，全国累计收购水獭皮189 659张（姜鸿，2021）。在湖北省，至20世纪80年代，如水獭、大灵猫、小灵猫、金钱猫、华南虎等食肉动物，其毛皮平均年收购量相比1949年下降最多达86.55%；在河南省，1952—1975年间，年均收购水獭皮219张，而至1981年时仅收购47张；在江西省，1952—1955年间，年均收购水獭皮2273张，而至1981年时仅剩79张；在广西壮族自治区，1961—1965年间，年均收购水獭皮997张，而1979—1981年间仅剩47张；在贵州省，1956—1970年间，年均收购水獭皮420张，而至1981年时仅剩41张（夏武平 等，1993）；在福建省，相较于60年代中期每年收购水獭皮2000～3000张，至1979年时已下降为355张，1983年时更下降为66张，较1965年（3223张）下降了97.95%（詹绍琛，1985）；在海南，1981年时毛皮的收购量便已下降至仅382张，而雷伟（2009）的研究也证实了70年代前后在大量捕獭猎人的大肆捕杀下，海南大部分地区的本土水獭均已经绝迹；在东北地区，2000—2010年的水獭记录比50年代减少了

92%（Zhang et al., 2016），而长白山自然保护区2010年的水獭数量与1975年相比甚至下降了99%（朴正吉 等，2011）。Zhang 等（2016）对1950年以来欧亚水獭在东北地区分布状况的回溯表明，相比于1950年，1980年时欧亚水獭的记录下降了约27%，90年代下降了约78.8%，而至2014年时下降甚至已达92%。据Li 等（2018）的统计，在这一时期结束后，对水獭的大规模捕杀造成如吉林、安徽、福建、广东和广西等地的水獭皮产量降低超过90%，而北京等地的水獭亦彻底消失（Zhang et al., 2018）。就这样，在兴于清中、极于近代的国际毛皮贸易所催生出的无度杀戮中，同许多广遭屠戮的食肉动物一样，从青藏高原到东南海滨，从北方森林到热带雨林，在中国曾随处可见的水獭几乎就这样在其曾经的自然栖息地中尽数销声匿迹了。与此同时，当各地水獭种群下降至不足以支持狩猎，皮张的收购记录小到"不值得"被专门记录时，水獭这一物种也就隐入了历史的尘烟当中，彻底被遗忘了。而如水獭等动物的宿命，实际上在百余年前镶有兽皮的服袍成为时尚与风潮的那一刻，便已经被冰冷地写就了。

三、 20世纪末期以来保护意识的觉醒和自然种群的恢复

早在20世纪60年代，在骤减的毛皮数量的直观刺激下，或许也有彼时风起云涌的国际环境运动的影响，从资源可持续利用的角度，在国家政策上对水獭等野生动物的取用便已有所考虑，不再全无顾忌。

1960年，林业部提出"加强资源保护，积极繁殖驯养，合理猎取利用"的方针，即在《人民日报》1962年10月9日第1版中所提到的"护、养、猎并举"的方针；1962年9月，《国务院关于积极保护和合理利用野生动物资源的指示》颁布，在要求"各省、自治区、直辖市人民委员会应该加强狩猎生产的组织管理工作"的同时，指出"保护和合理利用野生动物资源，是一项新的群众性的工作"，特别"对于经济价值高，数量已经稀少或目前虽有一定数量，但为我国特产的鸟兽"（水獭亦在其中），只不过开篇即写明，其目的仍然在于"这

些产品对改善人民生活和换取外汇都起了重要作用"；1964年6月25日，由水产部制定、国务院批转试行的《水产资源繁殖保护条例（草案）》中也同样在开篇写道"为了繁殖保护水产资源，发展水产生产，制定本条例"。然而，在彼时特殊的历史背景中，机构合并，人员下放，这样的政策实在难以对已经持续了几个世纪的认识和行为产生实际影响。在数百年来形成的社会规范的强大惯性下，整个社会对野生动物的认知与行为并未得到明显改善。

1970年前后，由于狩猎生产一度被视为"不务正业""重副轻农""走资本主义道路"而受到批判，狩猎生产遭受严重影响，毛皮等狩猎产品产量大幅下降（郑策 等，2013）。因此，1971年11月在《国务院批转商业部、外贸部、农林部关于发展狩猎生产的报告的通知》中，再次强调各地要积极开展狩猎，以满足国家需要。然而，随之而来的一系列国内外事件及时地遏制了刚要重新抬头的野生动物狩猎。在国外，1972年6月联合国人类环境会议在瑞典首都斯德哥尔摩召开，会议通过了《联合国人类环境会议宣言》，其中规定"地球上的自然资源，其中包括空气、水、土地、植物和动物，特别是自然生态类中具有代表性的标本，必须通过周密计划或适当管理加以保护"。

于是，在国家计委的组织下，第一次全国环境保护会议于1973年8月在北京召开，而自此环境管理才被纳入政府职能（周立华 等，2021）。同年12月，在国务院精神的指示下，对外贸易部印发了《外贸部关于停止珍贵野生动物收购和出口的通知》。同年，林业部草拟了《野生动物资源保护条例（草案）》，其中规定了三类保护动物：第一类是我国特产稀有或世界性稀有珍贵动物；第二类是我国很少的珍贵动物或濒于绝灭的经济价值高的动物；第三类是尚有一定数量的我国珍贵动物或分布区很小的经济价值高的动物。然而原本在1962年《国务院关于积极保护和合理利用野生动物资源的指示》中规定猎捕"必须经过省（区、市）主管部门批准"的水獭，此时却被排除在了三类动物之外，不再受到保护和管理。随后，1974年2月，对外贸易部发出《外贸部转发国家计委（73）计计字512号文件中有关"停止收购和出口国家禁令猎捕的珍贵动物及其毛皮"的通知》；1975年4月，全国供销合作总社发出《供销合作总社关于配合有关部门做好珍贵动物资源保护工作的通知》。

在政策风向的转变下，学术界也终于发出了理性的声音——例如，《采取有效措施保护珍稀动物资源》一文中提到"我们要大声疾呼：随意捕杀珍稀动物资源的现象，再也不容许继续下去了。为着国家和子孙后代的利益，必须坚决遵照华主席关于'采取有效措施保护珍稀动物资源'的指示，加强保护管理工作""加强宣传教育，批判'野生无主，谁猎谁有'的错误倾向，把保护珍稀动物变为广大干部和群众的自觉行动"（卿建华，1979）。再如，在《关于野生动物保护与利用的几个问题》中也写道，"野生动物保护对象不限于国家公布的名单，不限于保护区内，也不限于经济价值高的动物，作为生态系统的组成成分，一切野生动物都应加以保护"（肖前柱，1980）。

在这样的背景下，1979年，全国人民代表大会常务委员会通过并颁布了《中华人民共和国森林法（试行）》和《中华人民共和国环境保护法（试行）》，其中后者再次重申要"保护、发展和合理利用野生动物、野生植物资源。按照国家规定，对于珍贵和稀有的野生动物、野生植物，严禁猎捕、采伐"；同年，国务院颁布了《水产资源繁殖保护条例》，其中规定了应重点保护的水生生物名录以及具体的物种保护与栖息地维护措施等；1980年，中国加入《濒危野生动植物种国际贸易公约》；1983年，《国务院关于严格保护珍贵稀有野生动物的通令》颁布，其中明确提出"保护珍贵稀有野生动物是建设社会主义精神文明和物质文明的一项重要内容，是每个公民应尽的职责"，首次将对野生动物的保护上升到精神文明建设的层面，而与资源利用的目的脱钩；1985年，林业部发布了《森林和野生动物类型自然保护区管理办法》，形成中国自然保护区建立与管理的第一部法规；1986年，《商业部关于严禁收购、经营珍贵稀有野生动物及其产品的通知》发布，在禁止商业、供销系统收购和以任何形式买卖国家重点保护动物及其产品的同时，要求其"积极向社会各方面宣传保护野生动物的意义，坚决与乱捕滥猎、非法倒卖、走私国家重点保护野生动物的违法行为作斗争"；同年，《中华人民共和国渔业法》颁布实施，提出要对珍贵、濒危的水生野生动物实行重点保护；1987年，国务院环境保护委员会发布了《中国自然保护纲要》，明确指出"保护物种的紧迫性，尤其超过了人类历史上的任何时代"；同年，《国务院关于坚决制止乱捕滥猎和倒卖、走私珍稀野生动物的紧急通知》发布，其中规定要"严禁猎捕珍稀野生动物""加强野生动物及其产品经销和出口管理"以及"严格狩猎枪支、弹具生产、销售和使用的管理"。从这一系列密集发布的政策法令当中，可以感受到当时对于野生动物所处状况的充分认识与警觉，以及由此而发的大量试图扭转其受威胁局面的努力。

　　也正是在这一时间，广东省昆虫研究所动物研究室的徐龙辉先生发表了中国第一篇以呼吁水獭保护为主要内容的研究报道——《中国水獭种类及资源保护》（徐龙辉，1984）。囿于时代，其中虽仍将水獭视作"资源"，但已是彼时难得的对水獭保育的主张。然而，理性的声音还是太过微弱了。在这一波保护野生动物的浪潮当中，不知是因为介于农林之间，还是因种群仍被认为丰富，水獭似乎被彻底遗忘了，并没有被明确列入全国性的通告或法令的保护对象当中。因此，在这一时期，仍有大量关于如何"去除"水獭的文献报道，如《防治水獭的经验（二则）》（胡爱平，1986），《怎样捕除水獭》（熊建新，1986）等。

　　这样的状况一直持续到《中华人民共和国野生动物保护法》的出台。1988年11月，第七届全国人民代表大会常务委员会第四次会议审议通过了《中华人民共和国野生动物保护法》。在这次会议上，还审议通过了《全国人民代表大会常务委员会关于惩治捕杀国家重点保护的珍贵、濒危野生动物犯罪的补充规定》。为配套完善《中华人民共和国野生动物保护法》的法律体系，同年12月，国务院批准了《国家重点保护野生动物名录》。其中，我国分布的欧亚水獭、亚洲小爪水獭和江獭均被定为国家 II 级重点保护野生动物，有史以来首次明确受到法律的保护。

　　即便如此，有关如何捕杀水獭的声音也未迅速消散，依然有："（水獭）对鱼类资源危害极大，是新安江水库的主要害兽……因此捕杀水獭既可以保护水库的鱼类资源，獭皮又可出口创汇，增加经济效益，一举多得"（孙燕生，1991），"如果没有'獭害'，我省（湖北）的鱼产量说不准会在全国成为超级冠军"（张宿宗，1994），"水獭肝可入药，经济价值较高""水獭皮是我国传统出口商品，国外畅销""要充分利用一切河湖和鱼虾丰富的地方发展水獭、以支援国家外贸出口需要"（张新球，1995），"水獭之所以身价非凡，不仅是它的肝脏可治虚劳、咳嗽。四肢、肉、胆也有较高的药用价值，它的脂肪、肉均可食用。更可贵的是水獭绵毛柔细而稠密，皮板坚韧，底绒丰厚，几乎不为水濡湿，能御严寒且外貌美观和华丽，是十分珍贵的毛皮，其经济价值很高"（何和明 等，1996）等研究结论的出现。而从这些有关水獭的研究主张的转变当中，我们也可以粗略感受到水獭作为研究对象，在整个国内栖息地中种群状况的变迁。首先，在新中国成立后曾被当作"渔业害兽"，可以从侧面在一定程度上反映出其野生种群仍具备一定的规模（小种群对渔业等生产的有限影响恐怕很难构成威胁）；至20世纪80年代，以消除或驯化欧亚水獭为研究内容的文献已很难见到，或许可以从侧面反映出在经历了20余年的大肆捕杀之后，水獭的野外种群逐渐崩溃，已难以对渔业生产构成威胁（2000—2010年间的数据空缺恰好可以反映这一情况）。更糟糕的是，在这一时期，国内学术期刊上罕有关于欧亚水獭的专项调查与研究内容，仅在新疆、东北、广西等地区的少数科学调查报告中偶尔可见到水獭的身影。

1993年9月，农业部发布了《中华人民共和国水生野生动物保护实施条例》，其中规定"国务院渔业行政主管部门主管全国水生野生动物管理工作""县级以上地方人民政府渔业行政主管部门主管本行政区域内水生野生动物管理工作"，且"《野生动物保护法》和本条例规定的渔业行政主管部门的行政处罚权，可以由其所属的渔政监督管理机构行使"。由此，所有3种水獭及其他所有水生野生动物在中国的管辖权明确归属于农业部下辖的渔业行政主管部门。在该条例中，还明确提出"禁止任何单位和个人破坏国家重点保护的和地方重点保护的水生野生动物生息繁衍的水域、场所和生存条件。"（第二章第七条），"禁止捕捉、杀害国家重点保护的水生野生动物。"
（第三章第十二条）等，为《中华人民共和国野生动物保护法》及
《国家重点保护野生动物名录》的实施提供了清晰的解释与说明。
随后，1994年10月，国务院发布了《中华人民共和国自然保护区条
例》，为中国各类自然保护地的管理提供了有力的法律支撑。接下
来，1997年3月，第八届全国人民代表大会第五次会议对《中华人民
共和国刑法》做出修订，并在其中第一百五十一条、第三百四十条和
第三百四十一条明确了走私珍贵动物、珍贵动物制品，非法捕捞水产
品，非法猎捕、杀害珍贵、濒危野生动物，非法收购、运输、出售珍
贵、濒危野生动物和珍贵、濒危野生动物制品以及非法狩猎的罪名和
量刑标准。

在接下来的10年间，一系列有关动植物保护的法律、法规、名
录、办法相继出台，如《中华人民共和国水生野生动物利用特许办
法》（1999）、《国家保护的有益的或者有重要经济、科学研究价值
的陆生野生动物名录》（2000）、《最高人民法院关于审理破坏野生
动物资源刑事案件具体应用法律若干问题的解释》（2000）、《国
家林业局、公安部关于森林和陆生野生动物刑事案件管辖及立案标
准》（2001）、《中华人民共和国濒危野生动植物进出口管理条例》
（2006）、《中国水生生物资源养护行动纲要》（2006）……特别是
在2007年党的十七大将建设生态文明列入全面建设小康社会的目标，
2012年党的十八大将生态文明建设同经济建设、政治建设、文化建设
与社会建设一道列入"五位一体"的总体布局之后，有关野生动植物
及其自然生境保护的立法进度更是明显加快。《最高人民法院、最高
人民检察院、国家林业局、公安部、海关总署关于破坏野生动物资源
刑事案件中涉及的CITES附录Ⅰ和附录Ⅱ所列陆生野生动物制品价值
核定问题的通知》（2012）、《全国人民代表大会常务委员会关于
〈中华人民共和国刑法〉第三百四十一条、第三百一十二条的解释》
（2014）、《野生动物及其制品价值评估方法》（2017）、《野生
动物收容救护管理办法》（2017）、《濒危野生动植物种国际贸易公
约附录水生物种核准为国家重点保护野生动物名录》（2018）……这

些法律、法规在很大程度上为野生动物管理过程当中可能出现的情况提供了清晰的司法解释与法律支撑。特别是2018年1月农业部公布的《国家重点保护水生野生动物重要栖息地名录》与2019年8月由农业农村部颁布的《水生野生动物及其制品价值评估办法》，前者将四川诺水河珍稀水生动物国家级自然保护区、陕西太白湑水河珍稀水生生物国家级自然保护区、陕西丹江武关河国家级自然保护区与陕西黑河珍稀水生野生动物国家级自然保护区设置为水獭重要栖息地，首次为这个饱经磨难的物种在中国设置了四处特别保护单元（表2.1），后者则对水獭等水生野生动物及其制品的价值评估方法和标准进行了规范（小爪水獭基准价值2000元/只，水獭亚科其他种基准价值1800元/只），在一定程度上为中国水獭的栖息地保护及法律的执行提供了重要的参考与保障。

表2.1　2018年1月农业部颁布的第一批水獭重要栖息地

序号	栖息地名称	地理范围	总面积/km²
1	四川省诺水河水獭重要栖息地	31.984° ～ 32.481° N 107.137° ～ 107.669° E	92.20
2	陕西省太白湑水河水獭重要栖息地	33.633° ～ 33.900° N 107.267° ～ 107.700° E	53.43
3	陕西省丹江武关河水獭重要栖息地	33.617° ～ 33.867° N 110.417° ～ 110.817° E	90.29
4	陕西省黑河水獭重要栖息地	33.313° ～ 34.066° N 107.754° ～ 108.363° E	46.19

资料来源：http://www.moa.gov.cn/nybgb/2018/201801/201801/t20180129_6135962.htm，访问时间：2023-02-28。

　　然而，值得注意的是，在经历了上百年的捕杀之后，在新中国成立之初狩猎盛行的前几年中许多省份每年出产的水獭毛皮仍可以万计。在这背后，或许意味着对个体的直接捕杀恐怕并非近几十年来水獭在中国逐渐消失的唯一原因。相比于此前，20世纪后半期发生的对自然景观的直接改造与破坏可能才是真正彻底摧毁中国水獭种群的致命因素（图2.28）。从新中国成立初期的基本清洁到90年代的全面恶化，在中国的大江小河当中——植被破坏引起水土流失，河道淤塞；

江水抽取带来水位下降，河岸干涸；污水肆意排放，水体污染；捕捞
无度进行，竭泽而渔（马军，2001）……出现在20世纪末的水危机可
能就这样毫无保留、不打折扣地作用到了"临渊驱鱼"的水獭身上，
最终与"16尺棉布"奖售刺激下的疯狂捕杀一道，造成了野生水獭种
群在中国大部分历史栖息地中的广泛灭绝。

图2.28　河岸生态系统的破坏或许才是真正压垮中国水獭种群的最后一根稻草
（摄影/韩雪松）

　　因此，在1972年官厅水库污染等局域性水污染危机的刺激下（李
英杰，2015），我国逐渐开始着手进行水污染的防治工作，在此后的
十余年间，诸多新的或修正的法律、法规、标准、规定等相继出台，
如《地面水环境质量标准》（1983）、《中华人民共和国水污染防
治法》（1984）、《农田灌溉水质标准》（1985）、《水污染物
排放许可证管理暂行办法》（1988）、《污水处理设施环境保护监

督管理办法》（1988）、《国务院环境保护委员会、轻工业部、农业部、财政部关于防治造纸行业水污染的规定》（1988）、《渔业水质标准》（1989）、《中华人民共和国水污染防治法实施细则》（1989）、《景观娱乐用水水质标准》（1991）、《地下水质量标准》（1993）、《中华人民共和国水污染防治法》（1996年修正）、《污水综合排放标准》（1998）……这些法律、法规在很大程度上弥补了《中华人民共和国野生动物保护法》和《中华人民共和国渔业法》只关注陆生和水生野生动物资源状况，而忽视了其生存环境的短板（杨朝霞，2022）。

特别是在1998年，长江、珠江、闽江、嫩江、松花江等流域爆发的全流域型特大洪水以后，国家提出了"封山育林，退耕还林；退田还湖，平垸行洪；以工代赈，移民建镇；加固干堤，疏浚河道"的三十二字方针。自此，天然林保护工程（1998）、退耕还林工程（2002）等重大生态工程陆续开展，从根源上开始对中国的水环境进行系统的治理。就这样，从"九五"计划到"十二五"规划，中国的水环境治理实现了从粗放型管理到精细化管理，由总量控制转变为全面改善的转变（张晶，2012）。2015年国务院印发实施《水污染防治行动计划》（即"水十条"），系统推进水污染防治、水生态保护和水资源管理，即"三水"统筹的水环境管理体系（吴舜泽 等，2015）；2017年10月，环境保护部、国家发展和改革委员会、水利部联合印发《重点流域水污染防治规划（2016—2020年）》，对落实和推进"水十条"的实施进行了清晰全面的部署（何军 等，2017）。特别是在2020年1月由农业农村部发布的《长江十年禁渔计划》与2020年12月由全国人民代表大会常务委员会第二十四次会议通过的《中华人民共和国长江保护法》，更是对未来长江及流域内生物的保护与恢复起到了至关重要的作用。

终于，在半个世纪中几代人的坚持与努力下，1995—2017年全国地表水 I～III 类断面比例从 27.4%上升到67.9%，劣 V 类断面比例从36.5%下降到8.3%，流域水环境不断得到恢复，实现了从污染到清洁的质变（徐敏 等，2019）。随着水环境的改善，鱼类等水生生物种群的恢复、偷猎等行为的减少以及公众自然保护意识的觉醒，进入21世纪以来，在中国销声匿迹了近半个世纪的水獭，终于开始从人类的边缘，陆续回到在它们曾经栖居的江河水系（图2.29），凌波赴汩，噬鲂捕鲤。

图2.29　渡尽劫波后水獭终于重新回到这片土地上（摄影/韩雪松）

第三章

彼端：中国水獭调查现状

新世纪以来，随着生态文明建设的持续推进，环境保护恢复工作的大力开展，公众自然意识的不断提高，藏匿了近半个世纪的水獭开始重新回到大众的视野。然而，通过对已出版的文献的整理以及与水獭调查一线人员的交流，截至目前，相比于其曾遍布国土的分布区，我们仅了解到数十个地点仍有水獭种群生存。在这些记录当中，绝大部分为欧亚水獭，亚洲小爪水獭仅占一小部分，而江獭并无记录。

为能够尽量清晰地厘清当前中国不同地区水獭种群的状况，考虑到水獭滨水而居的习性，在此按照《中国主要江河水系要览》与《中国河湖大典》诸卷中对中国庞大芜杂的地表江河的划分，从北到南，由东向西，依次按照黑龙江流域及东北国际河流水系，辽河流域及辽宁沿海诸河水系，海滦河流域及冀东沿海诸河水系，黄河流域水系，淮河、沂沭泗河水系及山东半岛沿海诸河水系，长江流域水系，东南沿海诸河及台湾岛、海南岛诸河水系，珠江流域水系，西南国际河流水系，西藏内陆河水系与西北内陆河水系对2000年以后中国水獭的分布信息进行整理。如此，希望能够尽可能无所遗漏、条理清晰地展现在我们当前生活的土地上，水獭正在以怎样的状态生存，又可能以何种态势回归。

一、 黑龙江流域及东北国际河流水系

黑龙江流域地跨蒙古、中国、俄罗斯三国，是东北亚地区最大的河流，干流全长约4440 km，总流域面积约1 856 000 km²，共有流域面积1000 km²以上的支流200条，在空间上涉及内蒙古自治区、黑龙江省以及吉林省。黑龙江源头可分为南北二支，其中，北源出自蒙古国肯特山脉东北麓的石勒喀河，不在我国境内；南源为出自蒙古国肯特山脉东南部的克鲁伦河，下游流入我国（我国境内河长约166 km），然后进入呼伦湖，丰水时向下泻出，与发源于牙克石市乌尔其汉镇境内大兴安岭西麓的海拉尔河汇合，成为额尔古纳河。随后，额尔古纳河东流至额尔古纳市恩和哈达村同石勒喀河汇合，由此改称黑龙江。黑龙江作为中俄两国界河，大致沿西北一

东南方向流，并在俄罗斯的布拉戈维申斯克（海兰泡）纳发源于外兴安岭的结雅河、在黑龙江省肇源县纳松花江、在抚远市纳乌苏里江后向东流出我国，最终在俄罗斯境内向东北方流入鄂霍次克海的鞑靼海峡。其中，自石勒喀河与额尔古纳河汇口起至结雅河口为上游（约900 km），结雅河口至乌苏里江口为中游（约950 km），乌苏里江口至入海口为下游（约970 km）。

2000年以来，在该水系的额尔古纳河干流及其上源海拉尔河和其支流哈拉哈河、得耳布尔河、激流河、根河，黑龙江上游和中游干流及其支流呼玛河、额木尔河、法别拉河、公别拉河、逊河、库尔滨河、浓江、乌苏里江，松花江干流及其支流头道松花江、辉发河、嫩江、拉林河、牡丹江、汤旺河，绥芬河干流，鸭绿江干流及其支流浑江，以及图们江干流及其支流嘎呀河与珲春河存在确认的欧亚水獭记录，在行政上涉及内蒙古自治区的呼伦贝尔市、兴安盟，黑龙江省的大兴安岭地区、哈尔滨市、黑河市、佳木斯市、牡丹江市、双鸭山市、鸡西市、伊春市，以及吉林省的白山市、通化市、延边朝鲜族自治州。

1. 额尔古纳河水系

额尔古纳河是黑龙江主源之一，发源于蒙古国的克鲁伦河，由乌兰恩格尔西端进入我国境内后，汇入呼伦湖，随后纳入海拉尔河。继续东流至额尔古纳市汇石勒喀河后称黑龙江（图3.1）。其中，克鲁伦河在我国境内段全长约206 km，海拉尔河全长约715 km，共有流域面积在1000 km²以上的支流33条。

在额尔古纳河上游支流哈拉哈河流域，2021年1月，在呼伦贝尔市根河市得耳布尔镇的卡鲁奔国家湿地公园中，工作人员设置的红外相机拍摄到了1只欧亚水獭日间觅食、保养以及捡拾干草等行为（张玮等，2021）。

在海拉尔河的支流免渡河，2020年，在内蒙古免渡河国家湿地公园首次通过红外相机拍摄到了欧亚水獭的影像（郑晓晔，2021）；2022年12月，在免渡河上源扎敦河，有4只水獭同时出现在牙克石市的冰雪覆盖的河岸上（张玮 等，2022）。在根河，

图3.1 额尔古纳河与石勒喀河汇口（摄影/Refrain，https://commons.wikimedia.org/wiki/File:Amur_River.JPG，访问时间：2023-02-08）

2013年，内蒙古根河源国家湿地公园被全球环境基金（Global Environment Facility, GEF）确定为湿地保护示范点，而欧亚水獭也被确定为其中的指示性物种；2015年，公园在进行规划设计时，通过无人机首次拍摄到欧亚水獭觅食的影像；2017年，公园管理局特别设立水獭保护地，以降低对水獭的干扰并保护其栖息地（郭卫岩 等，2019）；2017年2月，有市民夜间在根河东郊散步时发现了1只受伤的欧亚水獭，最终将其送往根河市森林公安局进行救治（根河TV，2017）；中央电视台于2022年1月曾报道，在根河市一座封冻的大桥下，有行人拍摄到1只水獭从一个河岸边洞口钻出后，开始在被雪覆盖的林中小道上狂奔。

此外，在额尔古纳河水系，北京林业大学生态与自然保护学院的栾晓峰课题组于2022年通过实地访问调查、电话访谈以及文献整理等方式也在额尔古纳河干流（额尔古纳市）及其支流得耳布尔河流域、激流河流域、其上源海拉尔河流域以及海拉尔河支流伊敏河流域确认了欧亚水獭的分布（张超 等，2022）。

2. 黑龙江干流水系（中国部分）

黑龙江干流（图3.2）在中国部分有多条支流汇入，其中流域面积在1000 km²以上的支流有32条。在逊河（逊别拉河）流域，2022年12月，黑河市逊克县公安局新鄂派出所和当地林业部门的工作人员救助了1只欧亚水獭，在其康复后放归（黑河市公安局，2022）；"新京报 我们视频"栏目2022年5月6日曾报道，在盘古河流域，塔河林业局盘中林场管护员在进行日常防火巡护时于江边拍摄到两只在江水中玩耍、游泳的欧亚水獭。此外，张超等（2022）在黑龙江上游干流（漠河市与塔河县）、上游支流额木尔河流域、呼玛河流域、法别拉河流域以及中游支流公别拉河流域、逊河流域、库尔滨河与浓江流域确认了欧亚水獭的分布。

图3.2　黑龙江中游鹤岗段（摄影/Li Duoduo，https://commons.wikimedia.org/wiki/File:%E9%BB%91%E9%BE%99%E6%B1%9F%E7%95%94_-_panoramio.jpg，访问时间：2023-02-08）

3. 松花江水系

　　松花江（图3.3）作为黑龙江在中国境内的最大支流，河道全长约
1927 km，流域面积约557 200 km^2，共有流域面积在1000 km^{2}以上
的支流122条。由于河道长，流域面积大，人口众多，工农业发达，
因此松花江常被作为一个单独的水系（陆孝平 等，2010）。松花江发
源于长白山天池，湖水泄出后为二道白河并大致向西北方流出，纳头
道松花江、辉发河、蛟河等众多支流直至三岔河，至此为松花江中上
游，全长约958 km。在三岔河，发源于大兴安岭伊勒呼里山终端南坡
的嫩江由西北方向汇入，两河汇合后大致流向东北，一路纳拉林河、
呼兰河、牡丹江、汤旺河等在同江市汇入黑龙江。其中，自天池起至
三岔河为松花江上游（约958 km），自三岔河至同江汇口为下游（约
939 km）。

　　其中，在松花江上中游，1980—2010年间，长白山科学研究院
动物研究所的研究者在长白山自然保护区内头道白河、二道白河等几
条河流进行了246次欧亚水獭的种群数量调查。结果表明水獭的数量呈
现明显下降趋势：从1975年的136只下降至1985年的33只，1990—
2000年间的5～15只，2001—2009年间的0～4只，最终至2010年的

图3.3　松花江中游哈尔滨段（摄影/ Painjet，https://commons.wikimedia.
org/wiki/File:Songhua_River_in_Harbin_2022-08-09_(1).jpg，访问时
间：2023-02-08)

1只。相比于1975年，种群数量下降了99.3%（朴正吉 等，2011）。2022年初，延边州安图县池北区摄影师李德福在美人松湖拍摄到欧亚水獭在日间活动、觅食的清晰影像（图3.4），据称最多看到4只水獭同时在湖中活动（永超，2022）。原本仅在人烟稀少的森林河道中活动的水獭，现在在二道白河镇中的河道里也时常出现。在头道松花江支流松江河流域，2022年4月，在白山市靖宇县有摄影爱好者也于日间拍摄到了欧亚水獭的清晰影像（于长海，2022）；2022年4月，在抚松县黑河林场的雪地上，网友"雪域醉翁"的短视频发布了一名摄影爱好者记录的欧亚水獭的足迹等活动痕迹。此外，张超等（2022）也在松花江上游支流辉发河流域确认了欧亚水獭的分布。

图3.4　长白山美人松湖的欧亚水獭（摄影/李德福）

在松花江最大支流嫩江流域，在其地处大兴安岭地区松岭区的正源南瓮河，南瓮河国家级自然保护区工作人员在2021年12月发现了欧亚水獭的足迹与洞穴等活动痕迹后，便在其附近布设了三台红外相机，并最终于2022年1月拍摄到了欧亚水獭在雪地中叼衔着枯叶的活动影像（田昊文，2022）（图3.5）；2021年1月和4月，在嫩江支流甘河支流克一河流域，北京林业大学生态与自然保护学院的研究者在内蒙古大兴安岭克一河林业局辖区内拍摄到欧亚水獭的清晰影像（图3.6）。此外，张超等（2022）也在嫩江干流（嫩江市）及其一级支流多布库尔河、科洛河、讷谟尔河、诺敏河、阿伦河与绰尔河中确认了欧亚水獭的分布。

图3.5　南瓮河国家级自然保护区的欧亚水獭（摄影/刘曙光，黑龙江南瓮河国家级自然保护区）

图3.6　克一河流域的欧亚水獭（来源/北京林业大学生态与自然保护学院栾晓峰课题组，内蒙古大兴安岭克一河林业局）

在松花江下游，在其一级支流牡丹江流域，2019年5月，小北湖国家级自然保护区的工作人员通过在河边布设的红外相机拍摄到了欧亚水獭的日间活动影像（乘凤宇，2021）。2021年，网友"东哥带你看东北"发布的视频中也可以看到，在地处牡丹江一级支流珠尔多河流域的黄泥河国家级自然保护区，欧亚水獭在雪地留下足迹、刨坑等活动痕迹。此外，张超等（2022）还在位于松花江下游的拉林河与汤旺河中确认了欧亚水獭的分布。

4. 乌苏里江水系（中国部分）

乌苏里江（图3.7）是黑龙江中游的一大支流，全长909 km，总流域面积187 000 km^2，其中中国境内部分全长约492 km，流域面积约59 800 km^2。乌苏里江由发源于俄罗斯的乌拉河与刀毕河汇流而成。干流北向流经黑龙江省虎林市，与发源于兴凯湖的松阿察河汇流，流向东北方成为中俄界河，直至抚远市注入黑龙江干流。在中国部分，乌苏里江共有流域面积在1000 km^{2}以上的支流10条。

图3.7　乌苏里江（摄影/Andshel, https://commons.wikimedia.org/wiki/File:%D0%A0%D0%B5%D0%BA%D0%B0_%D0%A3%D1%81%D1%81%D1%83%D1%80%D0%B8_%D1%83_%D0%BF%D0%BE%D1%81%D1%91%D0%BB%D0%BA%D0%B0_%D0%93%D0%BE%D1%80%D0%BD%D1%8B%D0%B5_%D0%9A%D0%BB%D1%8E%D1%87%D0%B8_%D1%84%D0%BE%D1%82%D0%BE1.JPG，访问时间：2023-02-08）

在该流域，2022年2月，双鸭山市饶河县的网友"潘不白"和"五林洞田野"分别于2021年和2022年在五林洞镇等地发现了欧亚水獭留在雪地上的新鲜足迹及其洞穴、入水冰洞等，《潇湘晨报》"法制现场"栏目发布了2022年10月居民在饶河边通过手机拍到的欧亚水獭的清晰影像。此外，Zhang等（2018）与张超等（2022）在乌苏里江干流及其一级支流挠力河与穆棱河确定了欧亚水獭的分布。

5. 东北国际诸河

在东北地区，除黑龙江水系外，还有诸条发源于长白山及其余脉的国际河流，其中包括中俄间的绥芬河水系（图3.8）以及中朝间的图们江和鸭绿江水系。

图3.8 绥芬河汪清太平沟段（摄影/Xue Siyang, https://commons.wikimedia.org/wiki/File:%E5%B7%A1%E9%81%93%E5%B7%A5%E5%87%BA%E5%93%81_photo_by_Xundaogong_%E5%A4%AA%E5%B9%B3%E6%B2%9F%E9%99%84%E8%BF%91%E7%9A%84%E5%A4%A7%E7%BB%A5%E8%8A%AC%E6%B2%B3_-_panoramio.jpg，访问时间：2023-02-28)

其中，绥芬河发源于盘岭山脉北麓，东流至黑龙江东宁市附近进入俄罗斯境内，随后在符拉迪沃斯托克市附近注入日本海。绥芬河全长约443 km，总流域面积约17 320 km²，中国境内河长约258 km，流域面积约10 059 km²，共有流域面积在1000 km²以上的支流2条。在绥芬河流域，Zhang等（2018）确认了欧亚水獭在牡丹江市东宁市朝阳沟林场的分布。而在绥芬河支流瑚布图河流域，据"龙头新闻"

发布的视频，2022年3月，绥阳林业局工作人员在河边通过手机拍摄到了一只欧亚水獭在冰面上行走观望的影像。

图们江（图3.9）发源于长白山主峰东部，向东北方流出成为中朝界河，至吉林省图们市后逐渐向东南部流出，随后进入朝鲜并注入日本海。图们江全长约520 km，总流域面积 33 168 km²，其中吉林省境内河长约490 km，流域面积约22 400 km²，共有流域面积在1000 km²以上的支流6条。在其支流珲春河流域，2019年7月，延边朝鲜族自治州珲春市春化镇春化派出所警员曾在辖区内救助了1只右前腿受伤的欧亚水獭（张天姝，2019）；2022年5月，珲春市马川子乡马川子边境派出所警员在巡逻时于路边田地中救助了1只前腿受伤的欧亚水獭（盖晓宇，2022）；同年6月，"珲春融媒"报道，珲春市哈达门乡哈达门边境派出所在接到报警后，于其辖区内河北村南侧的水田中救助了1只因误食农药而奄奄一息的雄性水獭。此外，张超等（2022）在图们江干流及其支流嘎呀河流域也确认了欧亚水獭的分布。

图3.9　图们江龙井开山屯段（摄影/ Xue Siyang, https://commons.wikimedia.org/wiki/File:%E5%B7%A1%E9%81%93%E5%B7%A5%E5%87%BA%E5%93%81_photo_by_Xundaogong%E2%80%94%E2%80%94%E5%9B%BE%E4%BB%AC%E6%B1%9F%E5%B3%A1%E8%B0%B7_-_panoramio.jpg，访问时间：2023-02-08）

鸭绿江发源于吉林省长白山南麓，东北以长白山为界同图们江相隔。源出后约5 km便成为中朝界河，向西北方流出至吉林省临江市复向西南流，并在辽宁省东港市注入黄海。鸭绿江全长约795 km，总流域面积约61 900 km²，其中中国侧流域面积32 500 km²，共有流域面积在1000 km²以上的支流7条。张超等（2022）在鸭绿江及其支流浑江流域确认了欧亚水獭的分布。

就欧亚水獭当前在东北地区的潜在栖息地而言，吕江（2018）和张超等（2022）先后使用物种分布模型进行了模拟。其中，吕江等（2018）使用由文献整理和实地调查等方式获得的137个位点进行建模，结果表明，在整个东北地区，欧亚水獭的适宜分布区面积为391 700 km²，占研究区域总面积的17.99%，其中受到保护区覆盖的水獭分布区面积为47 700 km²，仅占研究区域总面积的2.19%。就模型分析结果来看，欧亚水獭在东北地区的潜在栖息地主要位于大兴安岭北部、小兴安岭中部、三江平原东北部和长白山东部，并以大兴安岭为分布中心。而就保护空缺而言，欧亚水獭在长白山林区中南部、小兴安岭南部山区和大兴安岭北部山区仍面临保护区覆盖不足的情况。

相比之下，张超等（2022）使用由实地调查、电话访谈等方式获得的247个欧亚水獭的分布位点建立了物种分布模型，并据此进行了现有欧亚水獭栖息地人类活动影响以及保护优先区的分析。结果表明，欧亚水獭的潜在分布区面积为104 515.04 km²，其中约43.49%为保护优先区，而其中欧亚水獭面临的人类活动影响的区域按辽宁、吉林、黑龙江、内蒙古递减。此外，研究还将模型预测结果与东北地区的自然保护区、国有林场同欧亚水獭的潜在栖息地、保护优先区进行了叠加，结果表明研究区域内110个国家级自然保护区有63个包含水獭的潜在栖息地（约占11.64%），其中32个同时覆盖了水獭的保护优先区（约占10.88%）。相比之下，内蒙古森林工业集团有限责任公司、大兴安岭林业集团公司和伊春森工集团有限责任公司经营管理的三大国有林区覆盖了约71.18%的潜在分布区和79.26%的保护优先区。

二、辽河流域及辽宁沿海诸河水系

辽河流域及辽宁沿海诸河水系主要包括辽河水系以及山海关和中朝边界间的独流入海的诸条河流，共有流域面积在1000 km²以上的河流121条。2000年以来，该水系尚未见到确凿的水獭记录。

三、海滦河流域及冀东沿海诸河水系

海滦河流域及冀东沿海诸河水系主要包括海河水系、滦河水系以及山海关和蓟运河口之间独流入海的诸条河流，共有流域面积在1000 km²以上的河流70条。2000年以来，该水系尚未见到确凿的水獭记录。

四、黄河流域水系

黄河（图3.10）是中国第二大河，干流全长5464 km，流域面积约795 000 km²。黄河流域横跨我国三大地理阶梯，西高东低，西南以巴颜喀拉山为界同长江流域水系相隔，西北以布尔汗布达山、拉脊山、达坂山、乌鞘岭、贺兰山、阴山等同西北内陆河水系相隔，东以太行山脉同海河水系相隔，南以岷山、秦岭、泰山等同长江流域水系、淮河水系以及山东半岛水系相隔。自青藏高原巴颜喀拉山北麓约古宗列冰川发源后，黄河先后流经青海、四川、甘肃、宁夏、内蒙古、陕西、山西、河南以及山东9个省、自治区，最终于山东东营垦利区注入渤海。其中，黄河源头至内蒙古呼和浩特市托克托县为上游（约3472 km），托克托县至河南郑州桃花峪为中游（约1206 km），自桃花峪至入海口为下游（约786.6 km），共有流域面积在1000 km²以上的河流159条（黄河干流水系116条，渭河水系34条，汾河水系9条），其中流域面积在5000 km²以上的支流有18条，10 000 km²以上的有湟水、无定河、洮河、伊洛河、大黑河、清水河、沁河与祖厉河8条。

图3.10 黄河三门峡段（摄影/fading，https://commons.wikimedia.org/wiki/File:Yellow_River_-_panoramio.jpg，访问时间：2023-02-08）

　　自2000年以来，在该水系的黄河上游与中游干流及其支流达日河、章安河、切目曲、湟水、渭河、西洋河存在确认的欧亚水獭记录，在行政上涉及青海省的果洛藏族自治州（以下简称"果洛州"）、海东市，陕西省西安市，山西省晋城市与河南省新乡市。

　　其中，在黄河河源地区，据《青海日报》2016年3月29日报道，青海本地摄影爱好者在果洛州达日县特合土乡拍摄到1只欧亚水獭在河边冰面休息、玩耍的画面。在黄河上游支流达日河中，2022年2月，青海广播电视台记者在果洛州达日县建设乡境内的黄河岸边拍摄到两只欧亚水獭游泳、进食、玩耍的画面（李军，2022）。在黄河上游支流切目曲流域，原上草自然保护中心的工作人员曾在2019年4月于果洛州大武镇附近的东科河中记录到欧亚水獭的粪便（图3.11）；据青海网络广播电视台的消息，2019年12月，有居民在大武镇附近的江壤沟用手机拍摄到1只欧亚水獭在结冰的江面上进食的影像；2021年12月，原上草自然保护中心的工作人员也在东科河拍摄到欧亚水獭的清晰影像（图3.12）。

图3.11　黄河上游切目曲流域的欧亚水獭粪便与刨坑（摄影/阿旺，原上草自然保护中心）

图3.12　黄河上游切目曲流域的欧亚水獭（摄影/旦增尖措，原上草自然保护中心）

在黄河中游，在其支流渭河上游黑河流域，2011年5月，1只成年欧亚水獭被非法布设的黏网缠住，后经周至县渔政人员救助并送到黑河珍稀水生野生动物国家级自然保护区沙梁子保护站，伤愈后于原处放归（张波，2011）。在支流沣河流域，2022年8月，西安市公安局长安分局滦镇派出所沣峪口警务室的警员在辖区内救助了1只后肢受伤的欧亚水獭（熊玺，2022）。在支流西洋河流域，2000年，中条山森林经营局等地的工作人员通过实地调查与访谈等方式在山西历山国家级自然保护区内开展欧亚水獭调查，结果表明欧亚水獭在保护区内海拔 800～1510 m森林地带的诸条山溪河流中均有分布（贾振虎 等，2002）。此外，Zhang 等（2018）也确认了2015年在果洛州久治县哇塞乡的黄河支流章安河、2016年在河南省登封市陈桥驿有欧亚水獭分布。

除以上外，2000年后在黄河流域还有多笔未经查实确认的欧亚水獭分布记录，例如，在黄河上游，自然爱好者在位于黄河支流湟水流域的青海省海北藏族自治州门源县寺沟附近访谈时，有村民称2012年冬天在附近的小河中见过水獭，并称夏天时水獭在大通河干流河道中活动，冬天在支流中活动，但随着水电站的修筑，鱼类明显减少，水獭也随之消失，据称在周边的互助北山珠固寺沟（图3.13）、扎龙沟

图3.13　大通河流域珠固寺沟（摄影/杨祎）

等地仍有水獭生存；2018年，在黄河下游，据报道称在河南省新乡市平原新区凤湖流域，有市民在凤湖引水渠钓鱼时记录到欧亚水獭。这些记录仍有待未来调查与研究的进一步确认。

五、淮河、沂沭泗河水系及山东半岛沿海诸河水系

该水系主要包括淮河水系、沂沭泗河水系及山东半岛沿海诸河水系。其中，淮河（图3.14）是中国七大江河之一，干流全长约1000 km，流域面积约269 000 km^2。淮河水系西以伏牛山、桐柏山同汉水相隔，北以黄河南堤和沂蒙山脉西段与黄河流域相隔，东抵黄海，南以大别山、皖山余脉、通扬运河、如泰运河等同长江流域相接。淮河发源于河南省南阳市桐柏县桐柏山太白顶西北侧河谷，干流源出后一路向东，经湖北、河南、安徽、江苏四省后于扬州市三江营注入长江。其中，自桐柏山淮源至安徽省阜阳市阜南县洪河口为上游（约364 km），洪河口至洪泽湖出口中渡为中游（约490 km），中渡至三江营为下游（约150 km），共有流域面积在1000 km^{2}以上的支流50条，其中10 000 km^{2}以上的支流有颖河、涡河、大洪河、怀洪新河4条。

图3.14　淮河蚌埠段（摄影/ MNXANL，https://commons.wikimedia.org/wiki/File:201806_Bengbu_and_Huai_River.jpg，访问时间：2023-02-08）

2000年以来，在地处江苏省盐城市大丰区的蟒蛇河支流西潮河中存在确认的欧亚水獭记录（Zhang et al., 2018）。此外，2017年，有报道称在河南省郑州市的白沙湖景区有游客在玩赏过程中拍摄到水獭影像（于江艳，2017），但尚有待未来调查与研究证实。

六、长江流域水系

长江（图3.15）是中国第一大河，世界第三长河，干流全长约6393 km，流域面积约1 800 000 km²。长江流域横跨我国三大地理阶梯，西高东低，西以芒康山、宁静山为界同澜沧江水系相隔，北以巴颜喀拉山、秦岭、大别山为界与黄河和淮河水系毗邻，南以南岭、武夷山、天目山为界与珠江和闽浙水系相隔。自青藏高原唐古拉山主峰各拉丹冬西南侧发源，长江干流先后以沱沱河、通天河、金沙江、川江、荆江、浔阳江和扬子江之名途经青海、四川、西藏、云南、重庆、湖北、湖南、江西、安徽、江苏以及上海等11省、自治区、直辖市，最终于上海崇明岛以东注入东海。其中，长江源头至湖北宜昌段为上游（约4500 km），宜昌至江西鄱阳湖湖口为中游（约955 km），湖口至入海口为下游（约938 km）。

长江流域面积广大，大小湖泊数以千计，总面积约15 200 km²（约占全国湖泊总面积的1/5），面积大于10 km²的湖泊有125个，其中大于100 km²的有鄱阳湖、洞庭湖、太湖、巢湖、洪湖、梁子湖。此外，长江水系极度发育，支流超过7000条，流域面积10 000 km²以上的支流48条，1000 km²以上的支流462条。其中，流域面积在80 000 km²以上的支流有雅砻江、岷江、嘉陵江、乌江、沅江、湘江、汉江与赣江8条。

2000年以来，在长江上游干流及其支流莫曲、牙曲、登额曲、德曲、果洛河、细曲、益曲、扎曲、俄曲、定曲河，雅砻江干流及其支流鸭嘴河，岷江支流黑水河、渔子溪、都江堰、大渡河、马边河，嘉陵江支流白龙江、渠江、涪江，洞庭湖水系支流湘江、沅江、澧水、汨罗江，汉江干流及其支流滑水河、金水河、子午河、旬河、丹江、

图3.15 长江瞿塘峡江段（摄影/ Tan Wei Liang Byorn, https://commons.wikimedia.org/wiki/File:Qutang_Gorge_on_Changjiang.jpg，访问时间：2023-02-08）

南河，鄱阳湖水系支流信江中存在确认的欧亚水獭记录，在行政上涉及青海省玉树州、果洛州，四川省甘孜州、凉山州、阿坝州、成都市、乐山市、广元市、巴中市、绵阳市，甘肃省陇南市，贵州省铜仁市，湖南省湘潭市、长沙市、株洲市、岳阳市，陕西省宝鸡市、汉中市、安康市、商洛市，湖北省宜昌市、十堰市、武汉市，安徽省池州市，江西省上饶市与江苏省南通市。

1. 江源—通天河—金沙江水系

沱沱河自青藏高原唐古拉山主峰各拉丹冬西南侧发源后，一路在高原面上北流至波陇曲汇口，纳波陇曲后向东折至当曲汇口，汇口以上为江源段，主要位于青海省可可西里地区，除偶有小峡谷外，地坪平坦，河岸宽广。自当曲汇口起称通天河，河道略向东北方弯折，纳众多左右支流后至玉树市扎曲汇口处为通天河段终点（图3.16），而由此向下直至雅砻江口段称金沙江。其中，从楚玛尔河至登额曲一段，是从高原面向深切峡谷的过渡地区，至登额曲汇口向下的通天河与金沙江几乎完全在高山深切峡谷中穿行。江源段沱沱河至楚玛尔河河口段全长约624 km，通天河全长约823 km，金沙江全长约2300 km。

图3.16　通天河玉树段（摄影/韩雪松）

在该水系的通天河流域中，2017—2022年间，山水自然保护中心的工作人员曾于多地获取到欧亚水獭的分布信息：玉树州通天河干流（图3.17），位于治多县索加乡的一级支流莫曲、牙曲及其支流帮曲（图3.18），位于治多县加吉博洛镇的支流登额曲（图3.19），玉树市哈秀乡的一级支流果洛河（图3.20），玉树市巴塘乡与结古镇的一级支流扎曲及其支流巴塘河，其中既有欧亚水獭的痕迹，也有红外相机拍摄的影像。

图3.17　通天河干流的水獭（摄影/成尔）

图3.18　帮曲流域的水獭栖息地（摄影/韩雪松）

图3.19　登额曲流域的水獭粪便 （摄影/韩雪松）

图3.20　果洛河流域的欧亚水獭 （来源/山水自然保护中心）

　　特别是在玉树市的巴塘河与扎曲河流域，自2017年起，山水自然保护中心的工作人员便开始进行持续性的调查、监测、研究与保护工作。在五年多的监测当中，在长约67 km的河岸累计记录欧亚水獭排便点约400处，在约4000个红外相机工作日中累计拍摄欧亚水獭活动的独立影像2000余次（图3.21）。此外，从2018年6月起，青海省生态环境厅将"青海生态之窗"应用于玉树州的欧亚水獭监测当中，7处远程高清可见光/红外摄像机在13个月的监测中累计拍摄欧亚水獭活动影像650余段（韩雪松 等，2021）。特别是在2021年10月至2022年1月间，有1只雌性水獭带领两只当年幼崽定居在市中心河边木栈道下，每日上午均会全无顾忌地在闹市河岸中游泳、进食、休息（图3.22）。

图3.21　巴塘河流域红外相机拍摄的欧亚水獭影像 （来源/山水自然保护中心）

图3.22   玉树市闹市区出现的欧亚水獭家庭   （摄影/韩雪松）

此外，在通天河流域，2022年1月，曲麻莱县生态环境和自然资源管理局发布消息，当地监测员连续两日在通天河流域代曲河拍摄到2只欧亚水獭玩耍、捕鱼、游泳的画面；2022年5月，在位于通天河一级支流益曲流域的隆宝国家级自然保护区，保护区工作人员也通过布设在湿地附近山沟中的红外相机拍摄到了3只欧亚水獭同时活动的影像（图3.23）；2022年末，称多县公安局森林警察大队也确认在称多县拉布乡境内的通天河干流以及称文镇市区的宁克其那河道中存在欧亚水獭的活动（图3.24）。

在金沙江流域（图3.25），2021年3月，在位于四川省甘孜州石渠县真达乡的一级支流俄曲边，有游客用手机拍摄到两只欧亚水獭在封冻的河岸上行走（甘孜文旅，2021）；2022年5月，在甘孜州德格县，有行人在县城更庆镇的色曲河中拍摄到1只欧亚水獭在水中玩耍（德格县融媒体中心，2022）；2022年5月，白玉县公安局民警下乡返

图3.23 益曲河流域隆宝滩的欧亚水獭 （来源/ 青海省隆宝国家级自然保护区）

图3.24 称多县通天河干流中的欧亚水獭（摄影/ 扎西才仁）

回途中在洛巴二村附近的赠曲河中拍摄到1只在水中游泳翻滚的欧亚水獭（白玉县融媒体中心，2022）；2022年3月，在甘孜州得荣县一级支流定曲河，县城居民在散步时发现1只水獭在市区河道中游泳（康巴传媒，2022）；同年6月，1只欧亚水獭甚至在夜间闯入得荣城区的一所饭店内，后被赶来的得荣县公安局民警捕捉并放归野外（得荣公安，2022）。此外，2003—2005年间，四川省林业科学研究院和理塘县林业局等单位的工作人员曾对位于金沙江与雅砻江分水岭的四川海子山国家级自然保护区进行了兽类资源调查，明确指出在保护区范围内有欧亚水獭与亚洲小爪水獭的分布（刘洋 等，2007），但欧亚水獭因未见到痕迹或实体影像资料仍有待确认，而所说的亚洲小爪水獭可能为误传，有待考证。

图3.25   金沙江甘孜州巴塘段（摄影/ Guan, https://commons.wikimedia.org/wiki/File:Batang,_Garze,_Sichuan,_China_-_panoramio.jpg，访问时间：2023-02-08）

2. 雅砻江水系

雅砻江（图3.26）是长江八大支流之一，干流全长约 1535 km，流域面积约128 439 km²。雅砻江水系地处金沙江左岸，西以雀儿山、沙鲁里山系同金沙江干流水系相隔，北以巴颜喀拉山同黄河流域相隔，东以大雪山同岷江水系相隔。雅砻江发源于青海省玉树州称多县巴颜喀拉山南坡，向东南流出后进入四川省甘孜州石渠县，沿横断山脉中深切河谷向南流出，先后经甘孜、新龙、雅江等县进入凉山州境内，最后于攀枝花市汇入金沙江。其中，自源头至甘孜州新龙县安乐乡段为上游（约594 km），安乐乡至理塘河口为中游（约581 km），理塘河口至攀枝花汇口为下游（约360 km），共有流域面积在1000 km²以上的支流25条，其中流域面积在5000～10 000 km²的支流有达曲、卧罗河、力丘河3条，10 000 km²以上的支流有鲜水河、理塘河和安宁河3条。

图3.26 雅砻江上游珍秦段（摄影/韩雪松）

在雅砻江上游，2021年3月末山水自然保护中心的工作人员曾在玉树州称多县珍秦镇嘉塘草原进行生物多样性调查时，于草原中流过的雅砻江干流的大桥下记录到欧亚水獭的粪便，而当地社区居民也表示20世纪90年代水獭在此地相当常见；2016年10月，猫盟CFCA的

工作人员在四川省甘孜州新龙县一处水流平缓的溪边记录到欧亚水獭
（图3.27），并拍到两只水獭在水中行动觅食的影像；2022年10月，
新龙县居民在县城旁的河流中再次记录到欧亚水獭的清晰影像（微甘
孜，2022）。此外，Zhang 等（2018）确认了欧亚水獭在位于雅砻
江支流鸭嘴河流域凉山州木里县的分布，而在甘孜州稻城海子山国家
级自然保护区或许也存在欧亚水獭的分布（刘洋 等，2007）。

图3.27　雅砻江流域的欧亚水獭（摄影/ 宋大昭）

3. 岷江水系

　　岷江（图3.28）是长江八大支流之一，干流全长约711 km，流域
面积约135 881 km^2。岷江水系地处长江左岸，西以大雪山为界同雅
砻江水系相隔，西北以岷山为界同黄河水系相隔，东以龙泉山脉为界
与沱江水系相隔。岷江发源于四川省阿坝州松潘县岷山山系，一路向
南流出，至乐山与大渡河、青衣江汇合，并由乐山注入长江。其中，
自源头至都江堰鱼嘴段为上游（约341 km），自鱼嘴至乐山市城东大
渡河口处为中游（约215 km），大渡河口至宜宾岷江入长江口处为下
游（约155 km），共有流域面积在1000 km^{2}以上的支流9条，其中
5000 km^{2}以上的有大渡河、青衣江和黑水河3条。

图3.28　岷江映秀段（来源/Jaysonh，https://commons.wikimedia.org/
wiki/File:%E5%B2%B7%E6%B1%9F%EF%BC%8C%E4%BB%8E%E9%
9C%87%E6%BA%90%E6%96%B0%E6%9D%91%E4%BF%AF%E7%9E
%B0_YingXiu,_SiChuan_Province_24-03-12_-_panoramio.jpg，访问
时间：2023-02-08）

在岷江上游黑水河支流打古河流域，2020年5月，四川三打古省
级自然保护区管理局与山水自然保护中心联合开展的生物多样性监测
中拍摄到了欧亚水獭清晰的活动影像（图3.29）。

图3.29　三打古省级自然保护区中的欧亚水獭（来源/山水自然保护中心）

在岷江上游支流渔子溪（耿达河）支流正河流域，2019年1—5月间，卧龙国家级自然保护区的工作人员在其野外调查和红外相机监测中，累计记录到欧亚水獭的有效影像5段（唐卓 等，2019）。

在岷江最大支流大渡河流域，在其正源玛可河流域，欧亚水獭在消失了几十年后，从2008年开始重新在青海省果洛州久治县年保玉则的大小水系中出现（图3.30），因此，从2010年开始，年保玉则生态环境保护协会便安排专人对当地欧亚水獭的状况进行专项野外调查（图3.31），并专门设计了问卷以了解社区居民对水獭的认知及保护意愿；2015年8月，果洛州班玛县灯塔乡美浪沟沟口举行重口裂腹鱼放流活动，人们在灌木丛里发现了1只被捕兽夹夹住的水獭，后将其解救并释放（班玛县人民政府，2016）；2018年12月，山水自然保护中心的工作人员在玛可河林场通过红外相机拍摄到了欧亚水獭的夜间活动影像（图3.32）；2021年，据网友"和太阳的对话"的视频显示，国家电网有限公司的员工在亚尔堂乡红军沟附近拍摄到了1只水獭在江水中休息的影像。

图3.30　年保玉则的水獭栖息地（来源/年保玉则生态环境保护协会）

图3.31 年保玉则的欧亚水獭 （来源/年保玉则生态环境保护协会）

图3.32 玛可河林场的欧亚水獭 （来源/山水自然保护中心）

在大渡河支流梭磨河流域，2021年1月与2022年3月，在阿坝州马尔康市，均有在市区河道边活动的市民拍摄到欧亚水獭在水边游水、活动的影像，网友"嘉绒·自由如风"2021年1月15日在网络上发布了相关视频。在支流绰斯甲河上源杜柯河支流色曲河中，2021年

1月，有甘孜州色达县居民在返回县城途中，于翁达镇旭尔沟村附近意外拍摄到1只正在冰面进食小鱼的欧亚水獭（尼公 等，2021），而2022年12月，在色达县霍西乡也有人通过手机记录到3只水獭在色曲河边的冰面上玩耍打闹的影像（色达县融媒体中心，2022）；2021年11月时，壤塘县居民也在其县内的杜柯河中拍摄到了欧亚水獭的活动画面（微壤塘，2021）。在支流曾达河流域，2020年6月，金川县林草局的工作人员在接到曾达乡农业技术员报告后，救助并放归了1只当地居民从山洪中救助的欧亚水獭（董义，2020）。此外，在岷江支流马边河流域，Zhang等（2018）还确认了欧亚水獭2015年在马边大风顶国家级自然保护区中的分布。

最后，在都江堰水系的蒲阳河中（图3.33），2022年5月，在彭州市境内夜间曾拍摄到模糊的水獭影像，根据影像看应为欧亚水獭无疑，而四川省林业和草原调查规划院的研究人员也通过访谈了解到附近有两个分别包含有2只与7只个体的小种群。不过，随后在附近开展的红外相机调查却未拍摄到水獭的清晰影像。该地点上游水库的工作人员表示很长一段时间以来，会不时在莲花湖目击"水猫子"（欧亚水獭）的出现，最近的一次为2022年。

图3.33 彭州市蒲阳河欧亚水獭发现地 （摄影/喻靖霖）

4.嘉陵江水系

　　嘉陵江（图3.34）是长江流域水系中流域面积最大的支流，干流全长约1345 km，流域面积约159 800 km²。嘉陵江水系地处长江左岸，西侧及西南侧以一低矮分水岭同沱江毗连，西北侧以龙门山脉为界同岷江相隔，东北以秦岭、大巴山与汉水为界，东侧及东南侧以华蓥山与长江干流相隔。嘉陵江有东西两源，其中东源发源于陕西省宝鸡市凤县秦岭山脉南侧，西源发源于甘肃省天水市秦州区长坂坡梁子，两源于陕西省汉中市略阳县汇合后流入四川广元，随后一路向南在重庆朝天门注入长江。其中，自河源至四川广元段为上游（约380 km），自广元至合川段为中游（约645 km），自合川至朝天门汇口处为下游（约95 km），共有流域面积在1000 km²以上的一级支流11条，其中10 000 km²以上的有西汉水、白龙江、渠江河和涪江4条。

图3.34　嘉陵江略阳段江景（摄影/Towercard，https://commons.wikimedia.org/wiki/File:%E7%95%A5%E9%98%B3-%E5%98%89%E9%99%B5%E6%B1%9F_-_panoramio.jpg，访问时间：2023-02-08）

　　在白龙江支流白水江流域，2002—2004年间在九寨沟国家级自然保护区进行的本底资源综合考察中确认了欧亚水獭在保护区范围内的分布（任锦海 等，2020）；2016年，Zhang 等（2018）确认了欧亚水獭在九寨沟县漳扎镇芦苇湖的分布；2019年6—11月间，保护区管理局在保护区树正沟开展了水獭专项调查，在4个位点布设的红外相机累计在782个红外相机工作日中拍摄到41次欧亚水獭的独立影像（任锦海 等，2020）；2020年11月，有游客在九寨沟火花海拍摄到了欧亚水獭的影像资料（王晋朝，2020）。2017年12月，甘肃白水江国家级自然保护区管理局的职工在白水江边发现1只水獭在水中游动，并拍摄到清晰的影像（周者军 等，2017）；据央视网消息，2018年4月，文县城关镇贾昌村中有7只水獭在白水江中游泳、捕食、玩耍，即便有众多居民围观也不畏惧；2019年12月，1只水獭被困于文县一居民的鱼塘中无法逃脱，被赶来的保护区工作人员与山水自然保护中心工作人员救起放生（图3.35）；2021年3月，有网友"♥♥♥"发现城区河道中有1只水獭游过。

图3.35　在文县被救助的欧亚水獭（摄影/翁悦）

在嘉陵江支流青竹江流域，自2014年起，位于四川省广元市青川县的唐家河国家级自然保护区便重新记录到欧亚水獭的活动。从那时起，保护区管理局先后同中山大学生命科学学院等众多科研院所与保护机构合作，对保护区内的欧亚水獭种群进行监测与保护，并针对其栖息地选择（图3.36）、食性、行为等开展科学研究（图3.37）。值得一提的是，2019年4月唐家河第十四届国际水獭研讨暨培训交流会在唐家河国家级自然保护区举办期间，与会人员还多次在保护区内目击到欧亚水獭。根据会议期间披露的信息，保护区内应至少分布有7～8只野生水獭（魏建林，2019）。

图3.36　唐家河的水獭栖息地（摄影/巫嘉伟）

图3.37 唐家河的欧亚水獭（来源/中山大学生命科学学院范朋飞课题组）

在嘉陵江支流渠江流域，2017年12月，农业部发布的第2619号公告明确，根据《中华人民共和国野生动物保护法》有关规定，将四川诺水河珍稀水生动物国家级自然保护区作为水獭重要栖息地列入《国家重点保护水生野生动物重要栖息地名录》（第一批），自2018年1月1日起实施。

在嘉陵江支流夺补河（火溪河）流域，自2017年起，随着本土鱼类在增殖放流行动的影响下逐渐恢复，位于四川省绵阳市平武县木皮藏族乡关坝村的关坝保护小区开始出现欧亚水獭的目击记录，并在2019年10月首次拍摄到了欧亚水獭的清晰影像（图3.38）。随后，自2020年起，在山水自然保护中心的协助下，为配合保护小区成立的水獭肇事专项基金，保护小区开始在关坝村内的河道以及水獭经常肇事的鱼塘中布设了7台红外相机对水獭进行监测——直至今日，关坝村的水獭监测工作仍在持续进行。此外，在该流域同属平武县的老河沟自然保护区等地也于近年拍摄到了欧亚水獭的活动影像（廖军，2009）（图3.39）。

图3.38　平武县关坝村的欧亚水獭（来源/山水自然保护中心，平武关坝保护小区）

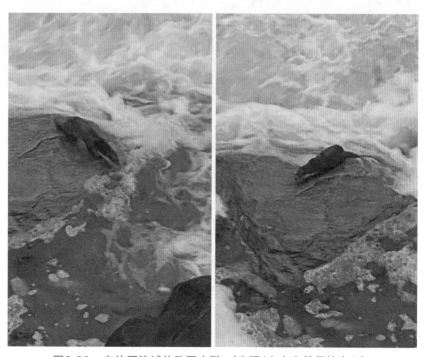

图3.39　夺补河流域的欧亚水獭 （来源/山水自然保护中心）

　　除以上外， 2013年，在嘉陵江流域的四川省南充市北湖公园中曾有两只水獭栖息，可能为原先公园中私人承包的小型动物园迁走时逃逸的个体（王晶城，2018）；在嘉陵江上游支流永宁河流域，2017年10月，四川省泸州市叙永县有市民清晨于河边用手机拍摄到一段疑似水獭的影像，但过于模糊而难以准确辨认（苏忠国，2017）；2022年4月，在重庆彩云湖国家湿地公园，网友"98K"在清晨发现1只水獭趴卧在湖边的循环装置上进食，但由于地处闹市，且距离已知的水獭分布位点均有一定距离，尚有待进一步调查与研究查证。

　　在嘉陵江水系以东的大宁河流域，2019年11月，在重庆市巫山县重庆五里坡国家级自然保护区，中国林业科学研究院森林生态环境与自然保护研究所的研究人员也通过红外相机拍摄到了欧亚水獭的夜间活动影像（图3.40）。

图3.40　重庆市巫山县大宁河流域的欧亚水獭（来源/中国林业科学研究院森林生态环境与自然保护研究所，重庆五里坡国家级自然保护区管理局）

5. 洞庭湖水系

洞庭湖水系位于长江中游南岸，地处云贵高原向江南丘陵与南岭山脉向江汉平原过渡的地带，属长江中游的切割山区，流域面积约262 800 km²。该水系西以武陵山脉与乌江水系分界，东以罗霄山脉同鄱阳湖相邻，南以南岭山脉与珠江相隔，主要包括洞庭湖和汇入湖中的诸条河流。其中，流域面积在1000 km²以上的河流有69条，10 000 km²以上的有湘江（图3.41）、资水、沅江、澧水以及湘江支流潇水、耒水、洣水和沅江支流潕水、酉水9条。

在洞庭湖水系的湘江流域，2004年5月，湖南省湘潭市湘潭县有村民在湘江流域一小河湾中发现3只欧亚水獭，后围捕到其中母子2只，并在湖南省渔业环境监测站的协调下送往湘潭市雨湖公园暂养。

图3.41 湘江湘潭段（摄影/Huangdan2060, https://commons.wikimedia.org/wiki/File:Xiang_River_in_Xiangtan_20211130F.jpg，访问时间：2023-02-08）

其中，母水獭在当日即"冲破玻璃罐逃脱"，而幼崽则被暂养在湘潭市渔政站（Carter，2018）。在湘江支流渌江支流铁河流域，Li等（2018）确认了欧亚水獭在株洲市醴陵县的分布。此外，据江西卫视"经典传奇"栏目介绍，2016年前后，在湘江一级支流沙河，长沙市丁字镇青石村村民钓鱼时捕获了1只"未曾见过的"水生动物，后被湖南师范大学生物系邓学建教授鉴定为欧亚水獭。

在洞庭湖水系的澧水流域，Zhang等（2018）确认了2004年时欧亚水獭在位于湖北省宜昌市五峰县的湖北后河国家级自然保护区中的分布。

在洞庭湖水系的汨罗江流域，2017年2月，湖南省岳阳市平江县三市镇浮潭村村民在汨罗江中解救了1只被渔网缠绕的欧亚水獭，后来在平江县野生动植物保护站和野生动物救护站工作人员的帮助下将其放生（林思文，2017）。

在洞庭湖水系的沅江流域，Zhang等（2018）确认了欧亚水獭2014年时在位于铜仁市的贵州梵净山国家级自然保护区的分布，而杨朝辉等（2019）通过访谈以及文献检索认为在铜仁市江口县黄牯山自然保护区中仍有水獭分布，但仍有待未来的调查与研究确认。

6. 汉江水系

汉江（图3.42）是长江最长的支流，干流全长约1577 km。汉江水系西南以大巴山、荆山与嘉陵江、沮漳河区隔，北以秦岭、外方山与伏牛山和黄河相隔，东北以伏牛山、桐柏山与淮河流域为界。汉江发源于陕西省秦岭南麓，北源沮水、中源漾水河和南源玉带河于陕西省汉中市勉县汇合后向东南流出，经陕西省南部和湖北省北部于湖北省武汉市龙王庙汇入长江。其中，自河源至湖北省丹江口为上游（约925 km），自丹江口至荆门市钟祥市为中游（约270 km），自钟祥市至武汉市长江汇口处为下游（约382 km），共有流域面积在1000 km^{2}以上的支流43条，5000 km^{2}以上的支流有旬河、夹河、唐河、南河、汉北河5条，10 000 km^{2}以上的支流有堵河、丹江、白河3条。

图3.42　汉江旬阳江段（摄影/Zfzf，https://commons.wikimedia.org/wiki/File:%E6%B1%89%E6%B1%9F.jpg，访问时间：2023-02-08）

在汉江支流子午河支流椒溪河流域，2013年9月—2017年4月间，陕西佛坪国家级自然保护区和中国科学院动物研究所等相关单位对保护区内主要河流的水獭种群及其食物资源进行了持续监测，监测期间在保护区的西河、三官庙和大古坪等地累计发现水獭活动后的水痕、食物残渣、卧迹等痕迹13次，直接观察到欧亚水獭20次，其中16次为1只个体单独活动，其余为2～5只个体同时活动（赵凯辉 等，2018）；2019年12月，佛坪县护林员在巡山时，用手机拍摄到两只水獭在水边岩石上玩耍的画面（卢清艳 等，2019）。2014年，在保护区外，有人在佛坪县城北部河段中目击到欧亚水獭；2016年7月，佛坪县袁家庄街道塘湾村的联防队员在外出游玩时发现1只欧亚水獭幼崽（胡贵军 等，2016）；2018年11月，摄影师王建和在佛坪县城椒溪河流域也目击到欧亚水獭，随后于每年10月—次年4月间均拍摄到欧亚水獭的活动影像，其中不乏多只水獭玩耍、捕鱼、交配等活动的精彩影像资料（王建和，2022）（图3.43，图3.44）。

图3.43 子午河的水獭栖息地 （摄影/王建和）

图3.44 在椒溪河流域内佛坪县城拍摄到的欧亚水獭 （摄影/王建和）

在汉江支流旬河流域，2014年11月，在地处旬河汇口处的旬阳市气象局，1只欧亚水獭由于低温与腿部受伤受困于院落的水池中，后被市林业局野生动物保护救助站救助（左漫，2014）；2022年9月，旬阳市桐木镇桐木社区一组村民在自家房后的旬河支流桐木河中见到1只欧亚水獭咬着家鸭的脖子在水中拖行，其间家鸭仍在挣扎（华荣宝 等，2022）。

在汉江支流南河支流马栏河流域，2004年，湖北省野生动植物保护总站的曹国斌等（2004）通过走访调查与野外调查，确认在位于湖北省十堰市房县野人谷省级自然保护区中仍有少数欧亚水獭分布，主要分布于保护区内的银洞沟、大耳沟、清溪沟与咸水河等处，而2002年在保护区外的桥上乡杜川村也曾捕获过1只水獭。

在汉江干流流域，2020年12月，湖北省武汉市蔡甸区索河街延山村六组村民在村中的鸭棚内捕获1只欧亚水獭，后被赶来的蔡甸区渔政船港监管站送往湖北省水生野生动物救治保护中心（刘婷 等，2020）。然而，从新闻中的照片来看，被捕捉的似乎更接近亚洲小爪水獭，若如此，可能为人工饲养的逃逸个体。

除以上外，在长江中下游支流信江流域，2016年11月，江西武夷山国家级自然保护区管理局副局长在接受记者采访时表示，保护区内工作人员曾见到过欧亚水獭（童梦宁，2016）。在长江下游流域，Zhang 等（2018）与Li 等（2018）分别确认了欧亚水獭在安徽省池州市升金湖国家级自然保护区与江苏省南通市如东县洋口镇洋口港运河2016年时的分布状况。

七、东南沿海诸河及台湾岛、海南岛诸河水系

该水系包括浙闽沿海诸河水系、台湾岛诸河水系、两广沿海诸河水系及海南岛诸河水系，在行政上涉及浙江省、福建省、台湾省、广东省、广西壮族自治区和海南省。

2000年以来，在该水系的瓯江、闽江、韩江等河流及沿海诸岛（图3.45）存在确认的欧亚水獭记录，在海南岛的陵水河中存在确认

的亚洲小爪水獭记录，在行政上涉及浙江省的丽水市、舟山市、宁波市、台州市、温州市，福建省的宁德市、泉州市，广东省的潮州市以及海南省的陵水黎族自治县等。

1. 浙闽沿海诸河水系

浙闽沿海诸河水系西以黄山、武夷山同长江流域相隔，北以黄山、天目山以及钱塘江下游北岸高地与长江流域相隔，东抵东海海滨，南以福建南部的玳瑁山、博平岭等山丘与两广诸河水系相隔。该水系共有流域面积在1000 km^{2}以上的河流50条，其中在10 000 km^{2}以上的有闽江、钱塘江、瓯江和九龙江4条。

在浙江省瓯江流域，浙江丽水职业学院的吕耀平等（2001）在丽水市青田县浮山乡（现峨桥镇）的溪坑和景宁畲族自治县上标水库确认了欧亚水獭的分布，但估计当时种群数量已"不足10只"，濒临绝迹。然而，相比于内陆河流水系，浙江沿海地区的水獭种群则明显较为活跃。

图3.45　浙江沿海岛屿（来源/陆祎伟）

　　在舟山市，2004年，浙江林学院旅游与健康学院曾在舟山普陀山岛的水库附近记录到欧亚水獭痕迹（朱曦 等，2010），但后续未见有继续的调查与研究；2020年4月在东福山岛东极镇，1只欧亚水獭在夜间闯入一家渔家乐，并在海鲜饲养缸中大快朵颐，被一旁的摄像头完整记录了下来（翁履平，2022）；而浙江自然博物院、舟山市林业科学研究院与杭州原乡野地生态保护与研究中心的工作人员也于同月在东福山岛北侧游步道及礁石较高处发现3处水獭粪便（图3.46）；2021年7月，在定海区万达星海湾与入海口相连的河道附近，1只欧亚水獭被困于施工工地的淤泥池，在接到报警后舟山市海洋行政执法大队和渔业资源管理处的人员赶往现场对其进行了救助（舟山市海洋与渔业局，2021）；2022年3月，在定海区金塘镇，1只欧亚水獭沿山塘排水渠来到了观前村中，并在村中休息时被村民发现、围观，随后竟躲入一户村民屋中，最后被金塘派出所民警救助（刘琪琳 等，2022）；2022年6月，在普陀区朱家尖镇，有游客在白沙岛发现1只被海水打湿后受困在海滨礁石上的欧亚水獭幼崽，后被有关部门送往杭州长乔极地海洋公园（图3.47）。

图3.46　东福山岛上的欧亚水獭粪便（来源/浙江自然博物院，舟山市林业科学研究院）

图3.47　在白沙岛被救助的欧亚水獭（来源/浙江自然博物院，舟山市林业科学研究院）

　　在宁波市，2018年5月，有志愿者意外在浙江象山韭山列岛海洋生态国家级自然保护区拍摄到了1只正在海中游泳的欧亚水獭（图3.48）。保护区工作人员也在区内多处地点记录到欧亚水獭的粪便，并使用红外相机于2019年7—8月间多次拍摄到欧亚水獭的活动影像。因此，自2020年开始，浙江省自然博物院联合保护区管理局，开始对保护区诸岛进行欧亚水獭调查与监测，结果表明，截至2021年7月，保护区内14个岛屿上累计发现欧亚水獭的粪便、食物残渣等活动痕迹39处，粪便200余处，主要集中在积谷山、南韭山、官船岙及上竹山等岛屿；布设的17台红外相机累计记录欧亚水獭225次，其中3只个体2次，2只个体20次，时间多数是在4～5时（图3.49）。

图3.48　浙江象山韭山列岛海洋生态国家级自然保护区的第一份水獭影像记录（摄影/耿洁）

图3.49　韭山列岛的欧亚水獭（来源/浙江自然博物馆，浙江象山韭山列岛海洋生态国家级自然保护区）

2021年9月，浙江省森林资源监测中心在温岭市进行县域野生动物本底调查期间，在北港山岛、直大山岛等处的海边礁石上记录到了大量欧亚水獭的新鲜粪便，并通过随后布设的红外相机在松门沿海一带拍摄到了欧亚水獭的影像（图3.50），甚至拍摄到3只欧亚水獭在海岛岩壁上活动的影像（范宇斌 等，2019）。

图3.50　台州温岭的欧亚水獭（来源/杭州原乡野地生态保护与研究中心，浙江省森林资源监测中心）

　　2019年9月，在浙江省温州市洞头区大王殿村，先后有3只亚成体欧亚水獭因误入民居等被东沙渔港渔业管理部门救助（苏煜晗 等，2019）；2020年6月，浙江省自然博物院沿海繁殖海鸟调查志愿者在洞头区大瞿岛礁石上记录到1份欧亚水獭的陈旧粪便；2020年九十月间，有海钓爱好者先后在洞头区北先岛礁石附近海域、瑞安小明甫岛附近海域以及洞头池下坑村附近海域多次记录到单独活动的欧亚水獭。自2022年起，温州大学张永普课题组在温州洞头的南爿山岛、北爿山岛、虎头峙岛、大竹峙岛和洞头岛布设了10台红外相机，并于2022年5—8月间于大竹峙岛和洞头岛累计记录到欧亚水獭影像8次（图3.51）。此外，2022年6月，温州市自然资源和规划局洞头分局的工作人员在温州救助并放归2只欧亚水獭幼崽。

图3.51　温州洞头的欧亚水獭（来源/温州大学张永普课题组）

在福建省北部诸河中，2018年初，有观鸟爱好者偶然拍摄到1只在水中的石头上吃鱼的欧亚水獭的影像（图3.52），随后东南荒野保育联盟也在现场调查中发现了粪便、食物残渣等欧亚水獭活动痕迹，并通过红外相机拍摄到了欧亚水獭的活动影像。随后，东南荒野保育联盟对该地点进行了长期的野外调查和监测工作（图3.53），截至2019年4月，在总长17 km的河岸及水库湖岸中开展了15次样线调查并布设了8台红外相机，累计拍摄到水獭活动的影像41次，并且在2019年2—4月期间，6次拍摄到两只水獭结伴而行，这或许可说明当地的水獭还具备繁殖潜力（图3.54）。除此之外，在该区域，2021年3月，当地林业局的工作人员还曾放生过1只因多次进鱼塘偷鱼而被养殖户抓获的水獭，在同月还有1只死亡的水獭幼崽被发现，后被制成标本保存在福建师范大学标本馆。

图3.52　2000年后福建首笔欧亚水獭影像记录（摄影/叶峥嵘）

图3.53　福建北部的水獭栖息地（来源/东南荒野保育联盟）

图3.54　福建北部的欧亚水獭（来源/东南荒野保育联盟）

在闽江干流南支乌龙江支流溪源江流域，2022年6月福建植物调查团队在福州溪源江调查昆虫时，偶然发现4只上岸活动的水獭；同年8月底，调查团队又在两次实地蹲点调查中记录到了3次欧亚水獭活动。随后他们在该区域开展红外相机监测，截至2022年11月红外相机丢失前，累计在河岸拍摄到欧亚水獭活动影像12段，均为单只个体活动（图3.55，图3.56）。

同浙江沿海岛屿类似，在距离厦门市仅10 km的金门岛也仍保有1个欧亚水獭的健康野外种群（图3.57）。自1992年金门解严并开放观光开始，台湾大学、东海大学、台北市动物园等机构便陆续开始上岛，同金门当地动物保护机构与相关部门一道，开展在地欧亚水獭调查、监测、研究与保护工作（林良恭，2016，2017）。台湾大学李玲玲教授研究团队早从1992年即开始注意金门水獭的种群状况，并在2002年开始以排遗DNA个体鉴别技术进行金门水獭的种群调查研究，借由个体追踪资料了解不同个体在栖息地选择与利用上的差异（Hung et al., 2014）。东海大学团队则于2016年前后开始以红外相机调查全岛的欧亚水獭活动及分布状态，并获得了大量的水獭活动影像。台

图3.55　溪源江水獭栖息地（摄影/罗萧，福建植物调查团队）

图3.56　溪源江的欧亚水獭（摄影/罗萧，福建植物调查团队）

图3.57　金门的水獭栖息地（摄影/张廖年鸿）

北市动物园则在2016年延续台湾大学的水獭种群调查研究，2013—
2022年间完成了近4000件水獭粪便样本的分析工作，其中在2020—
2022年间鉴别出299只个体，同时也利用排遗DNA样本进行金门水獭
的食性分析，得知当地的入侵物种罗非鱼是金门水獭最主要的猎物，
其他虾、蟹、蛇、蛙等水生动物占比相当少（Jang-Liaw，2021）。
从每只个体出现的时间估算可能的年龄，发现金门水獭一岁以下的新
生个体比例很高，且大部分在一岁后就从金门消失，推测应该是离乳
后为寻找可占据的领域而离开金门。一岁以上仍留在金门且被重复记
录到的个体数量很少。金门应该是邻近地区的一个欧亚水獭繁殖热
点，研究显示，金门水獭呈现只出不进的半封闭状态，给邻近地区提
供新添入的个体和建立族群的机会，在东南沿海地区具有生态上的重
要功能。此外，在金门海岸栖息地间欧亚水獭的活动也相当频繁，有
些个体可能不只栖息在金门，但目前还未能在金门邻近地区发现欧亚
水獭活动的实证，未来仍需进一步精确地厘清金门水獭种群的活动范
围（张廖年鸿，2022）（图3.58）。

图3.58   金门的欧亚水獭 （摄影/黄福盛）

除以上外，据台海网消息，曾有摄影爱好者于2019年3—5月间在福州市中心的西湖公园拍摄到单独活动的亚洲小爪水獭个体，另据《海峡都市报》报道在2021年2月有1只亚洲小爪水獭在福州市区死于车辆撞击，事发地点与西湖公园直线距离1 km左右。考虑到亚洲小爪水獭的种群及分布状况，以及上述地点周围的栖息地状况，这两笔记录当中的水獭应为人工饲养的逃逸个体，且有可能为1只。此外，2000年以来有报道指出在福建省交溪、霍童溪、潘渡溪、敖江、大樟溪、闽江上游等流域也存在欧亚水獭的记录，但尚未见到影像证据，仍有待调查与未来研究核验。

2. 两广沿海诸河水系

两广沿海诸河水系是指发源于沿海山地并由广东省和广西壮族自治区汇入南海的诸条河流（不含珠江）。该水系西抵中越边境，北以十万大山、六万大山、云开大山、云雾山与莲花山等同珠江流域相隔，东达闽浙诸河。该水系共有流域面积在1000 km²以上的河流30条，其中10 000 km²以上的河流仅韩江及其支流梅江2条。

自2000年以来，该水系仅在韩江莲阳河流域存在确认的欧亚水獭记录。2015年曾有自然爱好者在广东省潮州市饶平县记录到1只死亡的欧亚水獭，这是1只尚处于哺乳期的雌性，无外伤，死亡原因不明（Li et al., 2018）。

3. 海南岛诸河水系

海南岛诸河均属于海岛型河流，多发源于中部山区的五指山脉，分散向四周入海。该水系流域面积在1000 km²以上的河流共有8条，其中3000 km²以上的有南渡江、昌化江和万泉河3条。

2000年以后，地跨五指山、保亭、琼中、万宁和陵水五个市县的吊罗山国家级自然保护区成为亚洲小爪水獭在海南最为重要和活跃的栖息地（图3.59）。2003—2004年间，海南师范大学李玉春在吊罗山对亚洲小爪水獭的分布进行了调查，并在30条样线中的4条记录到

图3.59 吊罗山水獭栖息地（来源/嘉道理农场暨植物园）

了亚洲小爪水獭的粪便。2006—2009年间，在嘉道理农场暨植物园的资助下，雷伟（2009）基于样线调查结果及收集到的87份粪便样品对吊罗山亚洲小爪水獭的栖息地选择偏好及其食性进行了调查与研究。2017年1月—2018年12月间，嘉道理农场暨植物园联合保护区管理局，在吊罗山附近的陵水河支流吊罗河、南喜河、大里河、白水河中开展了亚洲小爪水獭的专项调查、研究和保护工作。最终，在总计26.93 km的样线当中累计记录到44份亚洲小爪水獭粪便，在总计5046个红外相机工作日中累计拍摄到亚洲小爪水獭的独立影像3次，均为1只个体活动（Li et al., 2019）（图3.60）。

图3.60　吊罗山的亚洲小爪水獭　（来源/嘉道理农场暨植物园）

八、珠江流域水系

珠江为西江、北江、东江及珠江三角洲诸河所组成的水系的总称，是我国七大江河之一，其干流全长与流域面积均居中国第四位，水资源总量居第二位，干流全长约2214 km，流域面积约453 700 km²。珠江流域西南部以乌蒙山脉与元江—红河流域分隔，西北以乌蒙山脉、苗岭、南岭山脉与长江流域分隔，南以十万大山、六万大山、云开大山与粤桂沿海诸河分隔，东部以低矮丘陵与韩江流域及粤东沿海诸河分隔。珠江主干流西江发源于云南省沾益县马雄山东麓，自源头东流，先后以南盘江、红水河、黔江、浔江与西江之名途经云南、贵州、广西、广东四省区，于广东省佛山市三水区同发源于湖南省临武县西山乡的北江汇合后，经珠海市磨刀门入南海（图3.61）。东江发源于江西省赣州市寻乌县鸡笼嶂，并于广东省石龙镇注入珠江三角洲。珠江三角洲河网区除西江、北江和东江外还包括注入其中的高明河、沙坪河、潭江、流溪河、增江、茅洲河、深圳河等中小河流，也包括香港和澳门地区的水系。

图3.61　珠江入海口的淇澳岛（摄影/Charlie fong）https://commons.wikimedia.org/wiki/File:Qi%27ao_Island2021.jpg，访问时间：2023-02-08)

　　在珠江水系中，西江流域面积在10 000 km²以上的一级支流有北盘江、柳江、郁江、桂江与贺江5条，北江流域面积在1000 km²以上的支流有墨江、锦江、武江、南水、滃江、连江、潖江、滨江和绥江等，东江较大的支流有定南水、新丰江和西枝江等。流域内支流众多，流城面积在1000～10 000 km²以上的支流有125条，流域面积在10 000 km²以上的支流有8条。

2000年以来，在该水系的珠江入海口、东江支流西枝江以及西江支流郁江均存在确认的欧亚水獭记录，在行政上涉及广东省珠海市、惠州市、深圳市，香港特别行政区的新界，澳门特别行政区的嘉模塘区以及广西壮族自治区的百色市等。

东江支流西枝江流域（图3.62），2017年末，在惠州市惠东县有两只欧亚水獭被电鱼的村民误伤，其中1只当场死亡。西子江生态保育中心了解后赶往现场对存活下来的1只水獭进行了检查并将其放生（图3.63）。随后，生态保育中心在区域内针对欧亚水獭的种群状况进行了社区访谈、样线调查以及红外相机监测。结果在西枝江流域范围内发现欧亚水獭排便点3处，并持续有粪便、食迹等活动痕迹被发现；附近居民亦表明近年曾目击过欧亚水獭；由于水淹等原因，布设的5台红外相机均未拍摄到欧亚水獭的活动影像。

图3.62　西枝江的水獭栖息地（摄影/李成）

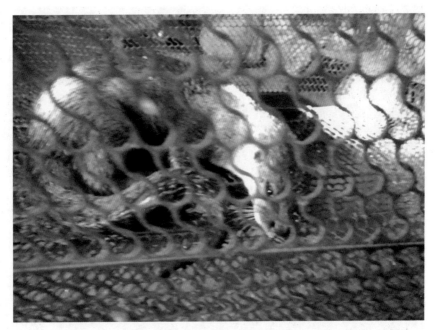

图3.63　西枝江流域被电鱼误伤的欧亚水獭（摄影/李成）

　　在地处珠江三角洲的珠海市，嘉道理农场暨植物园的研究人员于2016年9月至2017年3月间，通过访谈、样线调查、红外相机拍摄等方式在珠海近海岛屿开展了针对水獭的快速调查。结果表明：在收集到的43份有效问卷中，仅有横琴岛（8人）、高栏岛（2人）以及荷包岛（1人）的受访者认为其岛屿上仍有水獭分布；在9个岛屿上进行的41条样线调查中也仅有横琴岛以及高栏岛发现水獭粪便，采集到的31份水獭粪便样品中有12份可以测序且确定为欧亚水獭；布设在横琴岛的6台红外相机在累计321个红外相机工作日中拍摄到了31张（段）欧亚水獭的独立影像（视频）（图3.64）。

　　在位于深圳河流域的深圳市，深圳河香港一侧落马洲至米埔国际重要湿地区域长期活跃着一个小的水獭种群，然而，除20世纪90年代内伶仃岛曾先后捕捉过两只欧亚水獭外，深圳一侧并无系统调查研究开展（图3.65）。2020年10月，红树林基金会在福田红树林生态公园通过红外相机拍摄到了欧亚水獭的活动影像，这也是近二十年来水獭在深圳的首次影像记录（李晶川 等，2020）；随后，福田红树林生态

图3.64 珠江三角洲的欧亚水獭（来源/嘉道理农场暨植物园）

图3.65 深圳湾的水獭栖息地（摄影/戎灿中，红树林基金会）

公园管理方红树林基金会迅速在公园范围内的水獭潜在活动位点布设红外相机。截至2022年12月，累计在生态公园发现两处水獭密集标记点，收集有效数据165份，其中照片44份，视频121份（图3.66）。

　　在与深圳隔海相望的香港特别行政区，2002—2006年间，香港渔农自然护理署的工作人员曾在米埔湿地通过红外相机拍摄到11张欧亚水獭照片（Shek et al., 2007）；此后，香港大学生物科学学院的研究人员在2018年通过对地方性生态知识（LEK）的收集与研究，发现欧亚水獭过去几十年间种群规模都较小，且数量和分布范围也都在缩小（McMillan et al., 2019）；随后，使用2018—2019年间在246处水獭标记位点收集到的40份新鲜粪便样品，香港大学生物科学学院的研究人员在米埔湿地识别出一个至少包含有7只个体的小种群，遗传学分析表明其中至少有两对个体具有亲缘关系（McMillan et al.,

图3.66　深圳湾的欧亚水獭（来源/红树林基金会）

2023）。另外，在一水之隔的澳门特别行政区，也曾于2009年在嘉模堂区拍摄到欧亚水獭的影像（Li et al., 2018）。

九、西南国际河流水系

西南国际河流水系包括发源于西藏自治区、青海省和云南省境内并流出国境的入海河流水系，主要包括澜沧江水系、怒江水系、伊洛瓦底江水系、雅鲁藏布江水系、恒河水系和印度河水系，基本沿横断山南北向平行排布，水系内流域面积在1000 km²以上的河流总计216条。

自2000年以来，在该水系的澜沧江干流及其支流扎曲、香曲、巴曲，怒江干流，独龙江干流及其支流，雅鲁藏布江支流帕隆藏布江、德尔贡河、西贡河等均存在确认的欧亚水獭记录，在行政上涉及青海省的玉树州，西藏自治区的昌都市、林芝市，以及云南省的怒江州、西双版纳州、德宏州和普洱市等。

1. 澜沧江水系

澜沧江（图3.67）是中国西南地区重要的国际河流，自中国发源后，以湄公河之名流经缅甸、老挝、泰国、柬埔寨，最终在越南注入南海。其中，中国部分澜沧江干流全长约2160 km，流域面积约167 400 km²。在中国，澜沧江水系西侧以唐古拉山、他念他翁山、怒山与怒江相隔，北与通天河相邻，东侧以宁静山、云岭、无量山与金沙江、元江相隔。澜沧江发源于青海省玉树州杂多县唐古拉山北麓，向东南流出后经杂多县进入西藏自治区昌都市，随后向东南流入云南省迪庆州德钦县，最终由西双版纳州勐腊县关累镇出境。其中，自江源至西藏昌都市为上游（约554 km），昌都市至云南省临沧市临翔区为中游（约1188 km），临翔区至支流南腊河汇口处为下游（约419 km），共有流域面积在1000 km²以上的支流42条，其中10 000 km²以上的支流有吉曲、子曲和黑惠江3条。

图3.67　澜沧江扎青段（摄影/彭建生）

在澜沧江上游，山水自然保护中心曾于多地获取到欧亚水獭的分布信息：2017年5月，在位于玉树州杂多县昂赛乡的澜沧江峡谷中多次拍摄到欧亚水獭的活动影像（罗云鹏，2017），且在2018年同中山大学生命科学学院联合开展的水獭调查中该区域得到了持续监测（图3.68）；2018年9月，在杂多县扎青乡澜沧江源头的一个山谷中，通过红外相机记录到欧亚水獭，该地点为目前已知的该物种全球分布海拔最高点之一（4653 m）（图3.69）；2019年7月，在位于囊谦县白扎乡白扎林场的支流巴曲的一座小桥下，记录到大量堆叠的欧亚水獭粪便（图3.70）。此外，据央视网消息，2020年2月，在流经囊谦县县城的支流香曲中，有1只水獭因身体虚弱被困在城区河道当中，后被当地森林警察救助后放归。在西藏昌都市卡若区昌都镇，网友"9ia6ong"用手机拍摄到1只在游泳翻腾的欧亚水獭。

图3.68   在澜沧江上游杂多县昂赛乡拍摄到的欧亚水獭影像（来源/中山大学生命科学学院范朋飞课题组，山水自然保护中心）

图3.69   在澜沧江源头扎青乡地青村拍摄到的欧亚水獭影像（来源/山水自然保护中心）

图3.70　在澜沧江上游囊谦县白扎乡白扎林场记录到的欧亚水獭粪便（摄影/韩雪松）

在澜沧江中游，2022年6月昌都市林草局监测员曾拍摄到欧亚水獭在昌都市芒康县澜沧江中的清晰影像，在芒康县还有影像显示，1只成年的欧亚水獭自在地在江边居民的院落中活动，全然不畏惧周围的社区居民；在林芝市察隅县，有网友曾发布了一段在澜沧江旁拍摄到的欧亚水獭活动影像（后来视频被删除）。

在澜沧江下游，Zhang 等（2018）确认了2014年亚洲小爪水獭在云南省普洱市思茅区的分布，邵曰派（2020）称在2018年于该流域的太阳河省级自然保护区中发现了欧亚水獭的粪便，但仍有待影像资料的确认。此外，2016年猫盟CFCA通过红外相机在澜沧江下游支流南班河流域拍摄到了亚洲小爪水獭的清晰影像，而这也是该物种在国内的首份野外影像记录（图3.71）。

图3.71　澜沧江流域的亚洲小爪水獭（来源/猫盟CFCA）

2. 怒江水系

　　怒江是中国西南地区重要的国际河流，自中国发源并流至境外后，以萨尔温江之名流经缅甸、泰国，最终在缅甸注入印度洋的安达曼海。其中，中国部分怒江干流全长约2013 km，流域面积约13 800 km²。在中国，怒江水系西以念青唐古拉山、伯舒拉岭、高黎贡山与雅鲁藏布江和伊洛瓦底江水系相隔，西北同西藏内陆河水系相连，北以唐古拉山为界同长江上游水系相隔，东以他念他翁山、怒山山脉同澜沧江相隔。自西藏自治区北部唐古拉山脉南麓发源后，怒江干流先后流经西藏那曲、昌都和林芝3市，云南省怒江、大理、保山、临沧和德宏5市（州），最终在德宏州潞西市流出国境。其中，自江源至西藏昌都市洛隆县嘉玉桥为上游（约818 km），自嘉玉桥至云南怒江州泸水市六库为中游（约885 km），六库至德宏州潞西市为下游（约310 km），流域面积在1000 km²以上的支流共有36条，其中5000 km²以上的支流有9条。

图3.72　怒江丁青段（摄影/董正一）

在西藏昌都市丁青县的怒江峡谷（图3.72）中，2022年1月，有监测员通过手机拍摄到1只欧亚水獭在结冰的江岸上休息、玩耍和奔跑的影像（图3.73）。此外，Zhang 等（2018）也确认了在云南省德宏州芒市中山镇怒江江段的欧亚水獭分布。

3. 伊洛瓦底江水系

伊洛瓦底江是起源于中国，流经缅甸南北的国际河流，中国部分干流全长178.6 km，流域面积约4327 km^2。在中国，伊洛瓦底江水系西以担当力卡山与缅甸相隔，西北与察隅曲流域相接，东以伯舒拉岭和高黎贡山同怒江水系相隔。自从西藏林芝市察隅县的伯舒拉岭发源后，先后以吉太曲和独龙江之名流经西藏和云南，并在贡山县进入缅甸并最终注入印度洋的安达曼海。其中，干流上段为位于西藏自治区境内的吉太曲（约90.5 km），下段为位于云南境内的独龙江（约86.8 km），主要支流有大盈江和瑞丽江（图3.74）等。

图3.73   怒江峡谷中的欧亚水獭（来源/西藏昌都市丁青县林业局）

图3.74   瑞丽江姐告段（摄影/"瑞丽江的河水"，https://commons.
wikimedia.org/wiki/File:%E7%91%9E%E4%B8%BD%E6%B1%9F%E5
%A7%90%E5%91%8A%E6%AE%B502.jpg，访问时间：2023-02-08）

　　2019年1月，贡山县水务局工作人员在下乡过程中，意外拍摄到了在独龙江中活动的水獭的影像（胡远航，2019）；2020年2月，独龙江乡献九当村丁给组护林员在打理草果地时，用手机拍摄到在附近的独龙江中活动的水獭的影像（怒江州林业和草原局，2020）；同年11月，又有人拍摄到独龙江中两只水獭游泳、潜水和玩耍的影像（李璇，2020）；2021年3月，独龙江乡工作队成员偶然拍摄到了水獭在独龙江中嬉戏、捕鱼的画面（王靖生 等，2021）。

　　此外，在德宏州伊洛瓦底江上游支流流域中，2016年，嘉道理农场暨植物园在盈江县通过红外相机记录到了亚洲小爪水獭的影像（Li et al., 2018）（图3.75）；次年6月，据《德宏团结报》消息，"自然影像中国·美丽生态德宏"摄影团队在纪录片摄制过程中也拍摄到了亚洲小爪水獭的影像。

图3.75　伊洛瓦底江上游流域的亚洲小爪水獭（来源/嘉道理农场暨植物园）

4. 雅鲁藏布江水系

雅鲁藏布江（图3.76）是世界上海拔最高的河流，也是西藏自治区最大的河流，自中国发源后，先后以布拉马普特拉河之名流经印度、以贾木纳河之名流经孟加拉国，并最终注入印度洋的孟加拉湾。其中，中国部分雅鲁藏布江干流全长约2057 km，流域面积约242 000 km²。在中国，雅鲁藏布江水系西南以喜马拉雅山为界同尼泊尔相隔，北以冈底斯山与念青唐古拉山同藏北内流水系相隔，东以伯舒拉岭同怒江相隔，南以拉轨岗日与岗日嘎布等山脉同恒河等河流相隔。雅鲁藏布江发源于西藏自治区阿里地区普兰县喜马拉雅山北麓的杰马央宗冰川，自西向东流至位于林芝市的南迦巴瓦峰后迅速转为南向。其中，自江源至日喀则市仲巴县里孜村为上游（约268 km），里孜村至林芝市米林县派镇为中游（约1340 km），派镇以下为下游（约496 km），流域面积在1000 km²以上的支流有109条，其中在10 000 km²以上的有多雄藏布江、年楚河、拉萨河、尼洋河与帕隆藏布江5条。

图3.76　雅鲁藏布江背崩段（摄影/韩雪松）

　　在雅鲁藏布江最大支流帕隆藏布江流域，2020年，山水自然保护中心曾于林芝市波密县古乡拍摄到清晰的欧亚水獭活动影像（图3.77），而Zhang等（2018）也确认了2011年时欧亚水獭在该流域昌都市八宿县然乌湖区域的分布。

　　在雅鲁藏布江下游流域，2013年，西子江生态保育中心的工作人员曾在派镇的雅鲁藏布江段、墨脱县背崩乡的布裙湖以及措尔邦湖（图3.78）、西贡河等地发现了欧亚水獭或其粪便等活动痕迹；2021年1月，山水自然保护中心的工作人员在德尔贡河中桥下发现了大量堆叠的欧亚水獭粪便（图3.79），同年5月拍摄到欧亚水獭在干流旁格林村农田边的小河中活动的影像（图3.80）。

图3.77　帕隆藏布江流域的欧亚水獭（来源/山水自然保护中心）

图3.78   雅鲁藏布江流域措尔邦湖（摄影/李成）

图3.79   雅鲁藏布江支流德尔贡河中桥下的欧亚水獭粪便（来源/山水自然保护中心）

图3.80　墨脱县格林村附近雅鲁藏布江流域的欧亚水獭（来源/山水自然保护中心）

此外，在雅鲁藏布江下游支流流域中，有户外爱好者于2016年在林芝市察隅县察隅河流域发现了死亡的欧亚水獭（图3.81）；在山南市错那县娘江曲中，2014年曾记录到两只成年江獭（Medhi et al., 2014），

图3.81　在察隅河流域记录到的欧亚水獭死亡个体（摄影/徐健）

而这也是我国唯一确凿的江獭分布区域。此外，山水自然保护中心的工作人员在墨脱县背崩乡格林村进行社区访谈时，当地曾经的猎户也多次表示当地存在两种水獭，一种是欧亚水獭，而另外一种体型更大——在这一区域是否仍保留有江獭种群，有待未来更多的调查与研究确认。

十、西藏内陆河水系

西藏内陆河水系包括青藏高原上羌塘地区与西藏南部山间盆地的内陆诸河流，在行政上涉及西藏自治区、青海省西南部以及新疆维吾尔自治区东南部。其中，上羌塘地区的内陆诸河流西至中国与印度国境，北以昆仑山脉分水岭同塔里木盆地水系及柴达木盆地水系相隔，南以冈底斯山和念青唐古拉山同印度河、雅鲁藏布江水系相隔，东北以祁漫塔格山、可可西里山、祖尔肯乌拉山与柴达木盆地水系和通天河水系相隔，东南至西藏那曲、当雄二县同怒江水系和雅鲁藏布江支流拉萨河分界。西藏南部山间盆地的内陆诸河流则位于雅鲁藏布江同喜马拉雅山之间的狭窄谷地。在该水系中，流域面积在1000 km²以上的河流共有101条，其中10 000 km²以上的河流有扎加藏布、扎根藏布、桑目旧曲、依协克帕提河4条。

自2000年以来，该水系仅在西藏第一大湖色林错存在确认的欧亚水獭记录（图3.82）。色林错是羌塘高原上流域面积最大的内陆河扎根藏布的终点。2016年底，西藏自治区林草局、那曲市林草局、申扎县林草局和野生生物保护学会（Wildlife Conservation Society，WCS）合作开展羌塘雪豹种群现状调查，一台布设在色林错旁海拔4572 m处的红外相机拍摄到了欧亚水獭的活动影像。在随后于色林错流域内开展的快速调查中，WCS的工作人员在错鄂、吴如错、恰规错三个湖岸边均拍到了欧亚水獭的粪便，布设在湖边的红外相机也记录到了大量的水獭影像（图3.83），其中还包括1只雌性带一两只崽的情况。此外，当地居民表示曾在2016—2019年间目睹欧亚水獭的活动（Bian et al.，2020），这一位点，也是目前欧亚水獭在全球范围内海拔最高的分布位点之一。

图3.82 色林错水獭栖息地（来源/野生生物保护学会）

图3.83 色林错的欧亚水獭（来源/野生生物保护学会）

十一、西北内陆河水系

西北内陆河水系包括塔里木河诸河、东疆及北疆内陆河、青海内陆河、河西走廊内陆河水系、内蒙古高原内陆河水系等五大内流水系以及额尔齐斯河水系一个外流水系，在行政上涉及新疆维吾尔自治区、甘肃省北部、青海省北部、内蒙古自治区西部和中部。在空间上，该水系西南以昆仑山同西藏内陆河水系相隔，西抵帕米尔高原东缘，北抵阿尔泰山、马鬃山以及中蒙边境，东北以大兴安岭同松花江、辽河流域相隔，东南以贺兰山、狼山、阴山同黄河流域相隔。

其中，额尔齐斯河是鄂毕河的一级支流，也是我国唯一一条流入北冰洋的河流，中国部分干流全长约546 km，流域面积约57 300 km²。额尔齐斯河主源为库依尔特河，发源于阿尔泰山的协格尔塔依阿苏达坂与阿尔善土达坂，向西南方向流出至阿勒泰地区富蕴县后转向西北，纳诸多支流后进入哈萨克斯坦境内，最终随鄂毕河在俄罗斯汇入北冰洋。在中国境内，额尔齐斯河水系共有流域面积在1000 km²以上的支流10条，其中5000 km²以上的有喀拉额尔齐斯河、克兰河、布尔津河与哈巴河4条。

从2018年9月开始，在新疆阿尔泰山国有林管理局的支持下，荒野新疆和守护荒野联合山水自然保护中心基于对阿尔泰山国有林管理局下属的青河、富蕴、两河源自然保护区、阿勒泰、布尔津、哈巴河、福海7个管理单位的专项培训和能力建设，开始在阿勒泰地区的额尔齐斯河流域及乌伦古河流域进行欧亚水獭调查（图3.84）。截至

图3.84　额尔齐斯河水獭栖息地（摄影/邢睿）

2022年2月，累计在上百千米的调查样线中记录到多处欧亚水獭粪便等活动痕迹，并通过布设的红外相机拍摄到两百余次欧亚水獭的独立影像（图3.85），其中也包括怀孕的雌性水獭以及3只水獭同时出现的画面（图3.86）。最终，实地调查确认了欧亚水獭在额尔齐斯河上游干流及其支流喀拉额尔齐斯河、克兰河、布尔津河、哈巴河等河流的分布，而东部乌伦古河流域尚未发现明确的欧亚水獭野外分布痕迹。

图3.85 额尔齐斯河流域拍摄到的欧亚水獭
（来源/新疆阿勒泰山国有林管理局哈巴河分局，荒野新疆）

图3.86 额尔齐斯河流域拍摄到的欧亚水獭
（来源/新疆阿勒泰山国有林管理局福海分局，荒野新疆）

　　此外，在西北内陆河水系当中，位于伊犁地区新源县巩乃斯国家森林公园中的巩乃斯河流域，也曾在2000年以后有标本采集记录（新疆田马博物馆有限公司标本馆）（图3.87），但目前情况未见到研究报道，仍有待未来调查确认。

图3.87　巩乃斯河流域采集到的欧亚水獭标本（摄影/邢睿）

总结：调查和保护空缺

　　我国已开展的水獭调查和研究地点已在上文详述，除去宁夏未见记录外，水獭历史上曾在全国大部分区域出现。Zhang 等（2018）基于文献、红外相机监测以及问卷调查获得的50条2000年后的欧亚水獭确凿记录，对2000年后欧亚水獭在中国的潜在栖息地进行了模拟和预测。

　　结果表明，当前欧亚水獭在中国的潜在分布面积有1 200 000 km^2，主要集中在青藏高原东南部（西藏东部、青海南部、四川西部）、东北（内蒙古东北部、黑龙江大兴安岭、吉林长白山）以及陕西秦岭和贵州东南的丘陵地区；而在历史上欧亚水獭被频繁记录的长江中下游和东南沿海地区，只有为数不多且呈破碎化分布的地点仍适合其生存（Zhang et al.，2018）。与2000年之前的欧亚水獭分布状况相比，其栖息地逐渐由在历史上记录较多的东南沿海地区和长江中下游地区收缩至青藏高原和东北等相对边缘的区域，而这些区域，可能正是当前中国欧亚水獭种群的希望所在（Zhang et al.，2018）。

在2000年后所有存在水獭记录的地点当中，除去并无系统调查和研究工作的偶然记录外，所有针对水獭的工作已在上文详述。相比 1 200 000 km²的潜在栖息地面积，当前已明确掌握情况的地点屈指可数，且由上文可见诸多了解到的水獭分布位点皆来自居民、游人的偶然遇见或相关执法部门的救助，针对水獭种群及分布方面的专项调查研究则非常有限。因此，谈及调查空缺，在中国广阔的土地上，凡过去曾有水獭生存的江河湖海均亟须深入的调查，而在已明确有水獭栖息的地区，有关其种群数量、状况以及基础的生态学信息也亟待明确。因此，若从这个意义上讲，任一地点均属调查空缺，而任何关于该物种的上述信息的查清和补充均为填补这一巨大信息空白的可敬努力。

就保护空缺而言，将欧亚水獭的潜在栖息地同中国官方有记录的现有自然保护地相叠加，Zhang 等（2018）通过计算认为当前位于中国自然保护区内的水獭潜在栖息地面积为210 000 km²，仅约占其当前总预测栖息地面积的18%。其中，青海三江源国家级自然保护区、西藏雅鲁藏布江的两个国家级自然保护区以及四川长沙贡玛国家级自然保护区可能保有中国目前最大的欧亚水獭潜在栖息地（Zhang et al.，2018）。三江源国家级自然保护区内可能保有约109 000 km²的欧亚水獭栖息地，几乎占全国自然保护区内潜在栖息地的一半，由于区内生活的藏族群众不捕鱼、不杀生的传统（Shen et al.，2012；温梦煜，2012），三江源及其周边地区可能是当前欧亚水獭在中国最有生存希望的地区。相较于内地破碎离散分布的种群，青藏高原的欧亚水獭目前整体上仍处于较为健康的状态，虽然也因捕猎等因素经历了一定时期的种群衰减，但由于自然环境保存完好，食物资源充足，水獭种群随捕猎活动的停止得以迅速恢复，重新成为三江源河流生态系统中重要且不可替代的一部分。

相比之下，约82%的欧亚水獭潜在栖息地处于中国政府设置的自然保护体系之外，尚属保护空缺，主要集中于西藏东部、四川西部、内蒙古东北部、黑龙江东部以及吉林东部。在这些区域中，个体损失与死亡、栖息地退化与丧失以及认知与投入不足，宛如三座大山沉重地阻挡着水獭种群在中国的复兴之路。

第四章

前路长：中国水獭所受威胁及保护行动

在漫长的演化历史中，水獭亚科的13个物种成功地适应了全球各种类型的水生环境，并在其中扮演着顶级捕食者的角色。然而，就全球范围而言，由于工业化以来所经受的栖息地破坏以及国际毛皮贸易中遭受的大肆捕杀，至20世纪末许多水獭已经在其历史分布区销声匿迹。进入新世纪以来，虽然在很多学术期刊、调查报告、科普杂志等出版物中仍可见到以水獭为对象的文章和报道，但总体而言，水獭这一类群目前至少在中国的状况仍然是非常不明朗并且十分危险的（Li et al., 2018）。在其生存范围内，水獭赖以生存的水生环境经常遭受人类的改造并且极易受到不利影响——河道改造、植被破坏、水坝建设、原油泄漏、湿地排空以及农业种植均会对水獭造成致命的威胁，而由水体酸化、来自化肥施放和污水废料排放的有机物污染所引发的鱼类数量减少也会对水獭种群产生极大的影响。

在此，基于对研究、报告、新闻以及社交媒体中有关水獭所面临威胁的内容的整理，结合国内外水獭研究者、保护工作者在实际工作当中获取的信息，将水獭在中国当前所面临的威胁按照尺度与维度的不同归结为三类：① 个体损失与死亡；② 栖息地退化与丧失；③ 认知与投入不足。

一、个体损失与死亡

1. 非法捕杀及贸易

水獭遭到人为蓄意捕杀的原因包括：① 对毛皮的需求所引起的捕杀；② 因传统药材对其骨肉的需求所引起的蓄意捕杀；③ 宠物市场需求所引起的对野外活体的捕捉。

因为其毛皮致密保暖，水獭作为皮毛兽在过去几个世纪均遭受了全球范围内的大规模捕杀（Conroy et al., 2000; Zhang et al., 2018）。在中东（Naderi et al., 2017）和南亚（Loy, 2018）等分布区，欧亚水獭同样因被肆意捕杀而造成种群数量的锐减。1980—2015年间，在亚洲共查获水獭皮5881张，其中半数来自印度，多为江獭和欧亚水獭（Gomez et al., 2016）。在俄罗斯和中亚地区，因20世纪的毛皮交易所引起的捕杀是造成区域内水獭种群数量下降的主要原因，特别是在远东和西伯利亚人类可以进入的地区，彼时的欧亚水獭毛皮年回收数量可达5000张（Oleynikov et al., 2015）。由于战争物资的需要，日本自明治时代起大规模捕杀其本土特有的欧亚水獭亚种 *L. l. whiteleyi*，直接造成了该种群数量的锐减直至灭绝（Motokazu, 2012）（图4.1）。有研究认为，印度、柬埔寨、越南、老挝和缅甸是水獭毛皮的来源，而这些毛皮最后流向了东亚市场（Coudrat, 2016; Gomez et al., 2018）。

图4.1 已经灭绝的日本特有亚种 *L. l. whiteleyi*（摄影/Andy Willis, https://commons.wikimedia.org/wiki/File:Lutra_nippon_(skeleton)-_National_Museum_of_Nature_and_Science,_Tokyo_-_DSC07135.JPG，访问时间：2023-02-08）

在中国，由贸易催生的对水獭野外种群的直接捕杀无疑更为严重（Li et al., 2018）。这部分内容已在第二章中详述，在此不再重复。但是，对这数百年捕杀所造成的严重结果的回顾是无论怎样都不赘余的。在湖北省，仅1955年一年即有超过14 000只水獭被捕杀（黎德武 等，1963）；在湖南省，甚至最多一年有25 733张水獭皮被回收（谢炳庚 等，1991）；在地处东南沿海的福建省，在20世纪60年代中期每年可收购水獭毛皮2000～3000张，而至1983年的毛皮收购量仅为66张，较1965年（3223张）下降了97.95%（詹绍琛，1985）；在广东省，20世纪50年代初收购毛皮数以万计，产量几乎占全国总产量的1/3，而仅海南岛1955年就收购毛皮4307张（徐龙辉，1984）。这一时期结束后，对水獭的捕杀和消费造成如吉林、安徽、福建、广东和广西等地的水獭皮产量减少超过90%（Li et al., 2018）。除此之外，国内水獭其他的历史分布区，虽未见有相关统计数据或记述，但情况亦大抵如此。然而，须注意的是，市场对于水獭毛皮的需求似乎并未随着中国水獭种群的崩溃而一同消失，相反，在20世纪末至21世纪初仍可看到国外水獭皮大量进口和走私的报道。例如，1989年10月，北京环球皮毛进出口公司从美国进口水獭皮693张（林振康，1990）；2006年11月，云南省德宏州梁河县警方查获价值64万元的动物毛皮，其中包括水獭皮4张（高升，2006）；2013年4月，黑龙江省公安边防总队黑河边防检查站查获外籍人员走私动物毛皮8116张，其中包括水獭皮8张（邹大鹏，2013）。受限于文献资料的缺乏，自新中国成立后包括水獭在内的动物贸易难以了解。或许只是在近年来，冲锋衣、羽绒服等成衣逐渐流行，使得公众的审美逐渐转变，才逐渐转变了"传统"上社会对毛皮的痴迷（图4.2）。

图4.2　玉树地区獭皮镶边的传统服饰（摄影/韩雪松）

除以获取毛皮为目的外，来自亚洲传统医药市场对水獭组织材料的需求是导致大规模捕杀的另一个原因（Hon et al., 2010; Aadrean et al., 2018; Loy, 2018）。如第二章中所述，由于"獭者，水兽。水性灵明，故其性亦多智诡"（《本经逢原》），因此，在传统医学著述中，水獭从脏器到粪便，由毛皮至骨肉，几乎所有部位均可作药用。鉴于中国传统医学历史上对周边国家的影响力，截至目前，在越南、老挝、缅甸、柬埔寨以及印度尼西亚等东南亚国家，传统医药市场对水獭的需求仍然十分旺盛（Loy, 2018），而可悲的是，目前非法盗猎仍是这些水獭制品的主要来源（Hung et al., 2014）。在中国，以药用为目的对水獭组织的需求显然没有断绝。在一篇发表于1988年的题为《水獭肝及其混淆品的鉴别研究》的论文中（邬家林 等，1988），作者对北京、天津、上海、西安、重庆、成都等城市销售水獭肝商品进行了调查，虽然调查结果发现市场上"仿品竟多于真品"，但可从一个侧面反映出水獭肝在20世纪末的中国市场中受欢迎程度之高。在同一时期还有诸多有关水獭肝的鉴别方法及其药理等方面的研究成果发表（陈代贤，1991；邬家林， 1998；王建 等，2016）。进入21世纪以来，虽未见到有关药材市场中水獭制品的调查或研究，但从某电商平台上肆意展示出售的水獭肝来看，以药用为目的的脏器市场应当仍然存在且在正常运营着（图4.3）。虽无直接证据表明以毛皮为目的和以脏器为目的与水獭的猎获间的联系，但逻辑上不难发现二者并不冲突，在偷猎者信息通达的情况下，捕获一只水獭并不难做到"物尽其用"，其获利可想而知。

当前，宠物贸易正逐渐成为影响水獭生存的最主要威胁之一，特别是东南亚地区的亚洲小爪水獭（Gomez et al., 2018）。亚洲小爪水獭在动物园非常受欢迎，并且越来越多地出现在亚洲的商店、宠物展会甚至咖啡厅里（Gonzalez, 2010; Aadrean, 2013; Gomez et al., 2018）。2015—2017年间，在印度尼西亚、马来西亚、泰国和越南4个国家总共查获13起非法贸易案件，涉及59只水獭个体，其中大部分为幼体（Gomez et al., 2018）。在此类非法贸易当中，亚洲小爪水獭是最常见和最主要的贸易物种，其次是江獭和欧亚水獭，

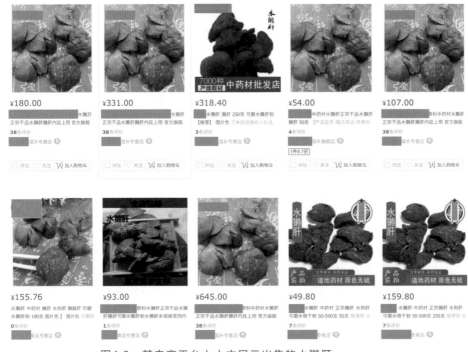

图4.3　某电商平台上大方展示出售的水獭肝

而日本的宠物市场是绝大多数非法水獭贸易的终点（Gomez et al., 2018）。随着此类贸易的网络化，管理和防范也更加困难（Gomez et al., 2018）。同时，部分合法通道的存在使得对獭皮的非法贸易成为可能，犯罪组织会将毛皮同其他合法的动物材料一起运送。

　　除此之外，驯化其捕鱼可能也是一个易被忽视的导致从野外捕捉水獭的原因。如第二章所述，驯化水獭协助捕鱼在中国已有长达千年的历史，而这一传统即使进入21世纪也仍未断绝。从文献资料来看，自新中国成立以来，南方省份以协助捕鱼为由跨省购买水獭的行为似乎相当常见，而这得到了许多20世纪发表的有关水獭生理、疾病的报道和研究的佐证。例如，1991年报道的水獭急性出血性胃肠炎、伤风、感染等病例便出现在四川省南充市仪陇县由云南购进的水獭中（张方林 等，1991；张方林，1993）。虽尚无证据表明被交易的水獭来自野外捕捉，但是考虑到近年来仍被查处的以人工养殖为幌子来洗白野生动物捕捉的案件，实在难以排除这一可能。另外，在这样的跨地域贸易中所发生的水獭逃逸及种群异地重建事件是否会导致中国的欧亚水獭面临如同野生大鲵一般遗传多样性丧失的困境，尚有待未来的调查与研究。

2. 报复性猎杀

水獭滨水食鱼，因此也自然而然地遭到了渔民的报复性猎杀（Rasooli et al., 2007; Loy, 2018）。在中国两千多年前的文献典籍中便已有对于水獭的报复性，甚至"预防性"猎杀记载，"水有猵獭而池鱼劳"（《盐铁论》），"夫畜池鱼者必去猵獭"（《淮南子》）。然而，时至20世纪末期，这一行为仍普遍且公然存在。在20世纪中国发表的所有15篇有关水獭的文章当中，即有6篇是关于或谈到如何捕杀水獭的（熊新建，1959；宋志明 等，1960；郭文场 等，1964；向长兴，1965；胡爱平，1986；孙燕生，1991）。在孟加拉国，水獭会遭到渔民的报复性猎杀，但同时也会被驯化以协助捕鱼（Hung et al., 2014），这在中国长江流域历史上也是常见现象（见第二章）。在伊朗，有报道称水獭会对水产养殖业造成影响（Naderi et al., 2017）。在欧洲的一些国家，曾有渔民因厌恶水獭而迫使政府颁发针对水獭的狩猎许可（Duplaix et al., 2018）。然而，虽然多数人认为这样的影响无处不在，但实际上绝大多数渔业生产并未受到水獭的影响（Loy, 2018）。

当前，在中国的四川、陕西和东南沿海地区，仍时有对水獭的报复性猎杀报道。随着水獭种群的不断恢复，这一行为应受到更多的关注。针对现在仍有水獭生存或未来可能出现水獭的地点，特别是自2020年1月起实施10年禁渔的长江流域，预防性的科普宣传工作亟待开展。而针对已经有因水獭偷食鱼类而造成人兽冲突的地区，则应有更多的研究和实践来探索如保险、基金、肇事补偿等已经得到广泛应用的手段在解决这一问题上的适用性和有效性，从而减少报复性猎杀和来自本土社区消极保护态度的影响。

例如，在地处四川省平武县木皮乡的关坝保护小区中，随着2017年开始的本土鱼类增殖放流活动初见成效，欧亚水獭也逐渐回到其位于村中夺补河流域的栖息地当中。然而，重新回归的水獭却开始频繁偷食村民的家禽和鱼——有的鱼塘被水獭吃掉的鱼甚至超过250千克（图4.4）。因此，在山水自然保护中心的协助下，关坝保护小区的管理小组开始在村中对水獭肇事的情况进行统计、整理和登记，并通过与村民的长期讨论和研究后，在关坝村建立水獭肇事专项补偿基金。虽然在现阶段补偿的金额相比于村民的实际损失仍有一定的差距，但能够得到补偿本身已经使得受损村民感到欣慰，甚至准备要在新修建的房屋中设计一个水獭主题元素的房间。此外，平武县林业局也准备扩大野生动物肇事商业保险的补偿范围，以将村民受到的损失降到最低，并在最大限度上减少人对水獭等野生动物的敌对情绪。

图4.4　关坝保护小区中的肇事水獭（来源/平武关坝保护小区）

3. 偶然性影响

人类活动对水獭所造成的偶然性影响主要包括：猎杀其他物种时所导致的误杀和道路车辆对过路水獭个体的碾压（Madsen et al., 2001）。

在水獭种群正逐渐恢复的地点，来自渔网等捕猎工具以及车辆等交通工具造成的误杀是个体死亡的主要原因（Loy, 2018）。由渔民布设的针对麝鼠（*Ondatra zibethicus*）等的捕猎工具有时会造成水獭的伤亡（Conroy et al., 1998），而电鱼则很容易造成水獭个体的麻痹甚至死亡（Hung et al., 2014）。在印度的西高止山脉，当地盛行的炸鱼、漂白剂毒鱼以及电鱼都严重威胁着小爪水獭的生存（Aadrean et al., 2018）。在国内，由于违法电鱼行为的普遍性，欧亚水獭在福建、广东以及东北等地区的很多栖息地均面临这种捕猎方式的威胁，即便如陕西佛坪国家级自然保护区、四川唐家河国家级自然保护区、海南吊罗山国家级自然保护区也都曾在保护区内外的水獭栖息地记录到违法电鱼事件（赵凯辉 等, 2018; Li et al., 2020）（图4.5），而在广东省惠州市西枝江流域，西子江生态保育中心的工作人员也救助并放归过1只因非法电鱼而受伤的个体（图4.6）。此外，2021年3月24日，在象山半边山附近滩涂上有渔民捡到1只因渔网缠绕而死亡的个体。

图4.5　墨脱德尔贡河水獭栖息地中被遗弃的电鱼电瓶（摄影/韩雪松）

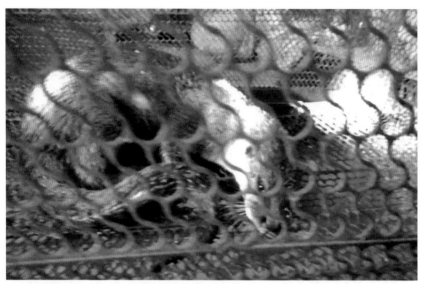

图4.6   在广东西枝江流域被救助的因电鱼受伤的欧亚水獭（摄影/李成）

针对违法电鱼的行为，在吊罗山国家级自然保护区，自2018年起，嘉道理农场暨植物园连同保护区以及当地森林警察紧密合作，森林警察与水獭监测队队员共同在亚洲小爪水獭的活动区域进行巡护，并在重要路口安装红外相机，对重要区域内的违法行为进行拍摄。至2019年3月，已拆除并捣毁多处猎棚与众多铁铗（图4.7），并以红外相机影像为线索，抓获违法人员两人并已立案调查，另有多名违法分子仍在通缉中。

就路杀而言，在英国，1999年进行的一项关于水獭种群结构的研究所使用的673份样品全部来自死于路杀的水獭（Philcox et al.，1999）（图4.8）。此外，在菲律宾（Bernardo Jr.，2011）、印度尼西亚和马来西亚（Aadrean et al.，2018）也有亚洲小爪水獭死于路杀的记录。在中国，仅在2016年和2017年，金门岛就分别有6只和4只欧亚水獭死于道路车辆的碾压（林良恭，2016，2017）。针对这一情况，英国的高速公路管理局也特别为可能穿过河谷等水獭栖息地的公路提供了对水獭友好的建筑施工建议，包括尽量使用支柱将公路架起、使用可以快速排出水流的函道和涵管设计、通过隔离防护网引导水獭使用函道等预留穿越点、为司机设置动物穿越等危险警告标志、在施工前进行充分的环境影响论证以尽量减少对天然栖息地的破坏、

图4.7 海南吊罗山国家公园内联合执法现场（来源/海南吊罗山国家级自然保护区）

在施工完成后充分进行栖息地的恢复和修复以及定期对函道、涵管等设备设施进行检查维护等（Highways Agency, 1999）。

图4.8 苏格兰天空岛1只死于车辆碾压的水獭（摄影/何琪婧）

　　有研究认为，水獭种群的自然增长和开辟新栖息地的过程或许会因报复性猎杀、路杀等偶然性因素所造成的个体损失而减缓，但令人宽慰的是，这一过程并不会因为这一原因而终止（Loy，2018）。

4. 散养或流浪犬只捕杀

　　散养或流浪犬只会通过捕食、干扰、杂交以及疾病传播等方式对野生动物构成威胁（Young et al.，2011），而直接捕食则是其对野生动物最为直接的影响。在苏格兰的设得兰群岛，曾有水獭幼崽被农场家犬捕杀的案例（Kruuk，2006）；在德国，曾有3只欧亚水獭被犬只捕杀的报道（Hauer et al.，2002）。在中国，山水自然保护中心在青海玉树市巴塘河流域水獭栖息地进行红外相机监测时发现，几乎所有拍摄到水獭的相机位点均拍摄到了散养家犬或流浪犬（图4.9）；在青海杂多县，曾有人目击1只藏獒叼着水獭尸体走在岸边，虽无法确定为其猎杀或仅捡拾尸体，但考虑到散养或流浪犬只作为捕食能力极强的机会主义者及与水獭在活动区域和活动时间上的重叠，它们对水獭的威胁显然是不容忽视的。

图4.9　在三江源1只探身进入水獭洞穴的流浪犬（来源/ 山水自然保护中心）

5. 疾病与寄生虫

　　由于从野外获得的可供检查的样本数量很少，因此目前对野生欧亚水獭的疾病了解仍非常有限。从为数不多的记录来看，在英格兰西南部，孢子菌病是欧亚水獭最为常见的传染性疾病，而由生存压力所导致的肾上腺皮质结节性增生也常见于欧亚水獭（Simpson，2000）。除此之外，其他在欧亚水獭体内有过记录的疾病包括阿留申病、动脉硬化、动脉炎、瘟热病毒、肝腺癌、平滑肌瘤、肾结石、沙门氏菌感染和肺结核（Keymer, et al., 1988; Wells et al., 1989; Madsen et al., 2000; Simpson, 2000）。在中国，20世纪90年代有为数不少的从野外捕捉水獭用于捕鱼或作为毛皮兽饲养的行为，而在此期间也曾有人工饲养的水獭死于出血性胃肠炎、伤风病的报道（张方林 等，1991; 张方林，1993）。此外，1995年在江苏省泰州市刁铺镇蒋桥村，一名男性村民因被水獭抓伤而在次月狂犬病发身亡，由此可见欧亚水獭至少可作为狂犬病毒的携带者（周锡松，1996）。

　　在笼养的亚洲小爪水獭中，曾有患肺炎、支气管炎、胸膜炎、肝叶扭曲、佝偻病、尿路结石、肾结石等疾病的记录（Lancaster，1975; Karesh, 1983; Nelson, 1983; Calle et al., 1985; Calle, 1988; Petrini et al., 1999; Warns-Petit, 2001; 杨戈，2018）。此外，还曾有亚洲小爪水獭因误食含有氰化物的枇杷种子而中毒死亡的记录（Weber et al., 2002）。

　　相比于疾病，寄生虫对欧亚水獭的影响显然更为明显和容易感知。由于对水环境的依赖，欧亚水獭极易受到寄生虫等的感染，如线虫类（*Angiostrongylus vasorum, Anisakis* sp., *Aonchotheca putorii, Cryptosporidium* sp., *Eucoleus schvalovoj, Dirofilaria immitis, Gnathostoma spinigerum，Strongyloides lutrae*）、原生动物（*Giardia* sp., *Gigantorhynchus* sp.）和吸虫（Phagicola sp.）等（李树荣 等，1996; Madsen et al., 2000; Torres et al., 2004; Méndez-Hermida et al., 2007）。相比之下，亚洲小爪水獭则似乎并不易受到寄生虫的感染（Larivière，2003），在泰国检验过的30个尸体当中，仅发现有越南颚口线虫

（*Gnathostoma vietnamicum*）一种寄生虫（Daengsvang，1973）。

二、栖息地退化与丧失

1. 人类活动导致的栖息地景观改变

　　水獭在全球范围内面临的另一个普遍的威胁是栖息地退化与丧失（Mucci et al., 2010）。据估计，自1900年以来，在人类活动和气候变化影响下，全球超过一半的湿地已经丧失（www.waterconserve.info），而其中，有很多都是水獭的重要栖息地（Kruuk, 2006）。由于水源对于生命的重要意义，水獭所生存的水生环境相比于其他类型的生态系统在不断扩张的人类聚落面前无疑是极易受到影响和威胁的（Kruuk, 2006）。从已发表的文献报道来看，在水獭的栖息地，人类活动对景观的直接改变主要包括：① 因饮用及灌溉等原因对水源的抽取；② 对水环境的直接占用与破坏；③ 河岸加固、水电水坝、填海造地等工程对水环境的改变。

　　出于饮水和农业的需要，在某些干旱地区人们甚至会将整条河流、整个湖泊甚至部分海洋抽干，如位于中亚的咸海，而这对于栖息在这些区域的水獭种群的影响无疑是毁灭性的（Kruuk, 2006）。因此，对于欧亚水獭种群而言，在分布范围内所面临的最主要威胁即为如前述的人类活动所导致的栖息地退化与丧失（Mucci et al., 2010; Loy, 2018）。此外，蓬勃发展的旅游业也在一定程度上给水獭栖息地带来了消极影响。例如，在中国台湾，进入水域的游客以及相关服务性设施以噪声、污染、栖息地改造等方式对水獭形成了干扰，对其栖息地造成了破坏（Loy, 2018）。对亚洲小爪水獭来说，这样的影响同样存在。例如，在西高止山地区，香蕉和水稻的种植在很大程度上排挤了亚洲小爪水獭的生存空间；在印度尼西亚，大量湿地森林被破坏也明显导致了该物种栖息地的减少和萎缩（Margono et al., 2014）；在加里曼丹岛，其栖息地的减少则来自不断新建和扩大的棕榈种植园（Aadrean et al., 2018）。而作为集群围猎大鱼的物种，依赖于江河入海口生存的江獭显然更易受到人类活动的影响。例如，在位于西亚两河流域的江獭栖息地，在面积为15 000～20 000 km² 的沼泽中，有84%～90%的面积已经遭到破坏，而在这一区域同时还有欧亚水獭栖息（Hussain et al., 2018）。除蓄意对栖息地的占用外，在越南和老挝，20世纪发生的战争对于这里水獭栖息地破坏的影响至今仍未消除（Loy, 2018）。雷伟（2009）基于对海南水獭历史分布状况的调查与整理也认为，水库、鱼塘、旅游景点等人工设施的修筑是导致海南水獭种群萎缩的重要因素之一。

水坝建设等水利工程、河岸的加固、河岸植被破坏同样会对水獭的生存产生不利影响（Duplaix et al., 2018）。在欧洲、中东、东亚和南亚，均有很多人工河岸或水利设施对当地水獭种群影响的评估，而其结果无一例外是消极和令人悲观的（Naderi et al., 2017; Loy, 2018; Wang et al., 2021）。就水利工程来说，大小水坝的修筑使得河流被拦腰截断，直接造成了水獭种群在景观上的隔离，这显然是很直观和易于理解的（Kruuk, 1995）。相比之下，河岸及附近植被的破坏对于水獭的影响或许更为深远和不易察觉。

在中国，20世纪中叶以后，森林采伐所引起的水土流失极大地改变了江河的面貌，并最终导致了20世纪90年代的洪水泛滥。最终，在1996、1998年特大洪水过后，对河岸水道的治理便成为政府工作的重点。可以说，当时政府提出的治理长江水患的三十二字总方针——"封山育林，退耕还林；退田还湖，平垸泄洪，以工代赈，移民建镇，加固干堤，疏浚河道"——清晰地勾勒出了未来几十年政府保护行动的轮廓，最终塑造了今日中国自然景观的样貌。其中，"疏浚河道"无疑同水獭的生存产生了直接的关系，因为在这二十年间，大量的天然河岸被加固、整饬为整齐平直的人工河岸，以期在洪水到来时可以加快水流通过的速度，避免洪泛。但是，这样大规模的对河岸的人工改造对滨水而居的水獭来说却存在很大的影响。

首先，天然的石质或土质河岸可以为欧亚水獭提供丰富的挖洞地点或天然的隐蔽场所，而这些空间对于生性胆小的水獭的繁殖或日常躲避是至关重要的。然而，人工河岸将所有原先存在的可供水獭躲

避和生存的洞穴或罅隙全部消除，用铁丝网固定的岩石更使得水獭无
法自己挖掘洞穴，最终导致了隐蔽所和繁殖洞穴的缺失。其次，天然
河岸中大量存在的突出的岩石、水中沙洲的末端等是欧亚水獭通过标
记行为进行领域区分、传递繁殖信号等的重要场所（Erlinge, 1968;
Reuther et al., 2000; Kruuk, 2006），而人工河岸对这样的地点
的清除显然在很大程度上减弱了欧亚水獭刨坑、排便等气味标记行为
的有效性。再次，原本参差不齐的河岸中存在的巨石、凸起的河岸等
会在河流中形成天然的回水，而在回水处由于水流的长期冲刷往往水
更深。这种水流较慢、深度较大的地点，通常是鱼类夜间偏爱的休息
地点，因此也往往成为水獭捕鱼时经常出没的地点（Erlinge, 1968;
Choetal, 2009）。然而，在人工河岸中，这样的地点往往被消除
了，因为其施工的目的就是加快水流的通过且避免洪泛（图4.10）。

此外，欧亚水獭虽然经常在水中活动，但仍非完全水生，需要在

图4.10　经过休整后笔直的人工河岸　（摄影/ 韩雪松）

岸上休息。整饬过后的人工河岸在水位较高时仅剩约 45 °的斜坡，且其表面覆盖着孔径约为 10 cm的铁丝网，铁丝网"悬浮"在下方被切割过的石块上。这样的表面对于四肢短小、陆地行动笨拙的水獭来说是非常不利于移动的（图4.11）。

此外，河底的阶梯状硬化设计，也因对鱼类繁殖洄游的阻断，在一定程度上改变了水獭食物资源的丰度及其栖息地利用规律（图4.12）。虽然在水坝的设计与修筑中常有鱼道等设施，但许多对该设施的评估表明其效果令人担忧，且无论如何也无法同自然栖息地相提并论。即便如桥梁等小型、常见的交通设施也可能对水獭的生存构成潜在威胁。桥墩及对周边天然河岸的改造在一定程度上影响了水獭栖息地中的植被状况，而桥梁下方可能存在的水闸、拦沙坝等潜在障碍也是水獭穿越时的潜在威胁（在英国的道路施工指南当中，也特别

图4.11　对欧亚水獭极不友好的人工河岸表面　（摄影/ 韩雪松）

图4.12　河底的阶梯状硬化设计显然阻断了鱼类的正常洄游并影响了水獭的自由迁移（摄影／韩雪松）

提出应在桥墩同天然河岸之间留出充足的空间、使用天然材料作为桥墩覆盖物、提供绕过桥梁的替代通道、减少对天然河岸的破坏等要求。）（Highways Agency，1999）。另外，人工河岸除对水獭的直接影响外，河道底部的硬化也存在对水生植物、底栖动物、鱼类多样性和组成等的潜在影响，或也间接影响着欧亚水獭的食物及其活动规律。

　　因此，在2017—2022年间，山水自然保护中心于青海玉树巴塘河流域进行的欧亚水獭调查监测发现，相比于经过人工修筑的整齐的河岸，欧亚水獭明显更加偏好于蜿蜒曲折、异质性高的天然河岸。于是，针对人工河岸对欧亚水獭的影响，2018年11月，在玉树州林草局的支持下，山水自然保护中心使用自主设计制作的水獭生境恢复巢箱，在市区内选择4个点进行了市区水獭栖息地修复的尝试。截至2022年6月，累计记录到欧亚水獭使用隐蔽所29次，证实了巢箱设置的必要性及此次修复尝试的效果（图4.13）。

图4.13　人工隐蔽所及其中拍摄到的欧亚水獭（摄影/邓星羽）

　　然而，值得注意的是，在不同季节，不同状态的欧亚水獭可能会对不同类型的人工河岸表现出完全不同的适应性。例如，在青海玉树巴塘河流域，有些区域生活于此的欧亚水獭表现出完全回避，有些区域仍存在一定粪便等活动痕迹，还有些区域欧亚水獭似乎完全不介意经过高度改造后的河岸。例如，在河岸经过高度改造的玉树市区，2021 年 7 月—2022 年 3 月存在一个稳定的繁殖家庭。该家庭由 1 只雌性欧亚水獭和 2 只当年出生的幼崽组成。自 2021 年起，这个家庭便开始在市区中出现，并在 2021 年 11 月—2022 年 1 月间几乎每日 9 时至 13 时都在人类干扰极其严重的市中心河流中觅食与嬉戏（图4.14）。就欧亚水獭隐秘惧人的习性而言，这一现象显然是极为反常的。从这一现象中，我们至少可以推知市区内的人工河岸相比于市区之外的部分，应当可以为欧亚水獭提供某些生存必要且极具吸引力的条件，使其能够容忍高强度的人类活动而在此长时间栖息。

图4.14　在玉树闹市中自由活动全然不畏惧行人的欧亚水獭 （摄影/ 韩雪松）

　　除此之外，沿海地区实施的填海造地工程也极大地改变了天然海岸的景观（赵玉灵，2010），从而在一定程度上威胁了在海边栖息的水獭的生存（李飞 等，2017）。对于沿海生活的欧亚水獭而言，虽然可以在近海捕鱼栖息，但无法直接饮用海水，而其皮肤也会因无法完全适应咸水环境而受到海水中盐分结晶的影响（Kruuk，2006）。因此，对这部分水獭而言，滨海区域中能够稳定提供淡水的地点便成为其摄取水分以及濯洗体表的关键场所（图4.15）。由此推断，如果供滨海水獭使用的天然淡水资源遭到破坏，或因人工建设等原因使得水獭无法获取淡水，那么即便在其栖息地中景观、食物资源、水质等条件没有被破坏，水獭也不得不放弃而迁移离开。此外，人类活动所带来的光污染也有可能给水獭的生存带来直接影响。例如，在深圳湾的水獭栖息地中，自2022年安装大型探照灯以后，福田红树林生态公园中原先仍可以拍摄到的水獭种群便踪迹全无了。

图4.15　韭山列岛上水獭利用的淡水坑（来源/浙江自然博物馆，浙江象山韭山列岛国家级自然保护区）

2. 过度捕捞导致食物资源减少或改变

过度捕捞所导致的鱼类等食物丰度和可获得性下降是水獭在全球面临的一个主要威胁（Aadrean et al., 2018）。欧亚水獭的生存和分布同其主要食物鱼类的丰度具有直接关系，因此水体中鱼类的状况会对其种群及分布产生直接影响（Kruuk, 2006）。

在中国，对鱼类资源的过度利用也非常普遍。例如，在东北，从20世纪80年代开始，当地居民开始大量使用小网目渔网等捕捞器具进行捕鱼，特别是进入90年代后，由于林蛙市场价格上升，人们开始在河流的干流和支流及小溪沟等水域进行灭绝性捕捞，长白山全区河流中已很少见到大中型鱼类、螯虾和水生昆虫（如石蛾幼虫），其中哲罗鲑（*Hucho taimen*）、东北螯虾（*Cambaroides dauricus*）已消失，细鳞鲑（*Brachymystax lenok*）、黑龙江茴鱼（*Thymallus arcticus*）和鲶（*Silurus* spp.）已濒临消失（朴正吉 等，2011）。在1980—2010年间于吉林长白山所做的调查表明，随着有欧亚水獭栖息的四条河流的平均水生生物量从1.9 g/cm²（1975）下降至0.79 g/cm²（1985）、0.05 g/cm²（1995）、0.03 g/cm²（2000），区内欧亚水獭的种群数量也由1975年的136只下降至1985年的33只、1990—2000年5～15只以及最终2001—2009年的0～4只，二者呈现显著的正相关关系（朴正吉 等，2011）。虽然进入21世纪后，水生生物量开始逐渐恢复，但水獭种群并未呈现出相似的增长趋势（朴正吉 等，2011）（参考欧洲等其他地区的水獭种群恢复历程可知，相比于鱼类种群的自然恢复，水獭种群的自然恢复无疑是会存在一定滞后的，但是其恢复速度仍然非常迅速）。此外，李飞 等（2017）在对珠海近海诸岛的欧亚水獭种群调查后也认为，当地渔民高强度的捕捞活动也成为当地水獭种群恢复与扩散的限制因素（图4.16）。

图4.16   珠江口水獭栖息地堆叠的地笼 （来源/嘉道理农场暨植物园）

另外，在近年来开展的如"长江十年禁渔计划"等项目中，禁渔的同时往往会伴随着各地渔政部门的增殖放流活动，随之进入当地河流、湖泊当中的鱼类可能也会在一定程度上造成欧亚水獭食性和营养级联的改变。例如，在秦岭南坡，赵凯辉等（2018）的研究表明，在当地除了存在过度捕捞的问题外，自2002年起从秦岭北坡的黑河流域引入秦岭细鳞鲑（*Brachymystax lenok*）以来，秦岭南坡水獭除捕食拉氏鱥（*Phoxinus lagowskii*）、隆肛蛙（*Nanorana quadranus*）、多鳞铲颌鱼（*Scaphesthes macrolepis*）和中华大蟾蜍（*Bufo gargarizans*）等既有的本土物种外，新引入的秦岭细鳞鲑也成为其主要食物来源之一，食性和营养级联发生了显著改变。此外，在中国，放生活动作为一项常规的宗教仪轨依然十分普遍。特别是在藏族聚居区，随着市场的开放，放生的主要对象已由传统的牛羊转变为由外地陆运入藏的人工养殖的鲤鱼、鲫鱼等鱼类（图4.17）。从山水自然保护中心进行的实地调查来看，放生行为较为普遍的巴塘河及其下游扎曲河流域，欧亚水獭的粪便中可明显见到粗壮的放生鱼类的残骸，而相比之下在几乎没有放生的扎曲上游其粪便中则多为细小的裸裂尻鱼、高原鳅等本土鱼类的残骸。

图4.17　正在三江源欧亚水獭栖息地放生的信奉佛教的人士（来源/山水自然保护中心）

目前，随着社会各界对放生危害认识的加深，以及法律、法规的不断健全与完善，例如，在2021年施行的《中华人民共和国长江保护法》中，已出现明确禁止外来鱼种放生的条目，"禁止在长江流域开放水域养殖、投放外来物种或者其他非本地物种种质资源。"公众对于入侵物种的了解明显增强，而相应的，私自放生的行为也显著减少。

3. 水环境丧失及水体污染

水体污染主要包括在水獭栖息地发生的化学品及重金属污染、塑料垃圾及微塑料污染，以及放生等人为活动导致的生物入侵。

自20世纪50年代至80年代，在西欧和中欧，水体污染曾是欧亚水獭面临的主要问题（Mason et al., 1986; Jefferies, 1989; Roos et al., 2012）。彼时，对欧亚水獭造成威胁的主要污染物包括有机氯双酯、狄氏剂（HEOD）、双对氯苯基三氯乙烷（DDT/DDE）、多氯联苯（PCBs）以及重金属汞（Loy, 2018），这些水体的污染物对欧洲很多地区的欧亚水獭种群造成了毁灭性影响（Mason et al., 1993; McDonald, 2007）。在西班牙，有的欧亚水獭体内发现了约80 mg/kg 的DDT，DDT在体内的富集会导致严重的神经系统损伤（Ruiz-Olmo et al., 2002）；有机氯化物和重金属在猎物体内的富集也会通过食物链间接对欧亚水獭产生威胁（Mucci et al., 2010）。此外，欧亚水獭对水体的pH变化也极为敏感，酸化的水体还会导致鱼类生物量的减少，从而影响水獭的食物资源，进而对水獭的栖息地适宜度造成影响（Conroy et al., 1998; Madsen et al., 2001）。

在20世纪70年代，PCBs和DDT在欧洲的大多数国家已被禁止使用，在禁令实施的15年后，欧亚水獭种群开始在瑞典等地的水域当中恢复（Roos et al., 2012）。然而，如内分泌干扰物等新兴污染物的出现使水獭的生存依然面临严峻的考验。最近，在瑞典的欧亚水獭体内检测出大量全氟和聚氟化合物，且趋势仍在增加（Roos et al., 2012）。在沿海地区，水獭种群还极易受到海运原油泄漏的影响（Loy, 2018）。在中东地区、印度南部以及斯里兰卡等地，欧亚水獭同样遭受着由杀虫剂污染水体所带来的威胁（Loy, 2018）。在中国，农药、重金属以及农业废料也在一定程度上加剧了欧亚水獭种群数量的骤减（Li et al., 2018）。对于亚洲小爪水獭而言，除受有机氯化物以及重金属等污染水体直接带来的影响外，因其对无脊椎动物的偏好，污染物在无脊椎动物体内的富集同样给其带来了严重威胁（Aadrean et al., 2018）。

随着塑料制品的大规模使用，在局部地区，向湿地、溪流、湖泊、海滨等水獭赖以生存的地点倾倒垃圾的惯常行为同样给当地的水獭种群带来了一定的隐患（Castro et al., 2006）。随污水等排入水环境当中的初生微塑料和由塑料垃圾经过物理、化学和生物过程分解而形成的次生微塑料通过食物链的富集及水的饮用等形式，最终很容易进入水獭这样滨水而居的生物的体内，对其生存带来直接影响。2018年12月，在一项于秘鲁中部海岸开展的秘鲁水獭调查当中，研究人员从沿海收集到的秘鲁水獭粪便中检出了微塑料成分（Santillán et al., 2020）。在中国，虽目前未见有针对水獭体内微塑料状况的研究发表，但已有在其粪便内发现塑料包装的记录。2018年，山水自然保护中心和中山大学生命科学学院在青海省进行的欧亚水獭样线调查中，记录了两块内含塑料污染物的欧亚水獭粪便（图4.18）。虽目前尚无因误食塑料等垃圾致死的案例报道，但其无疑将对水獭个体的安全构成威胁。

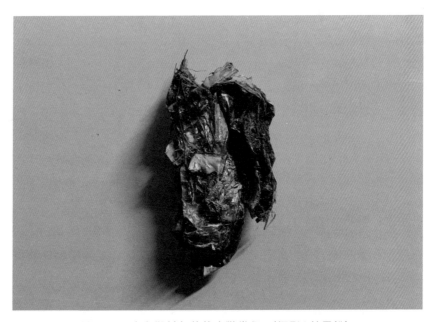

图4.18　含有塑料包装的水獭粪便　（摄影/ 韩雪松）

在我国东南沿海，2017年在珠海近海诸岛进行的调查也发现，在欧亚水獭经常出没的淇澳岛、荷包岛以及大杧岛，海岸与沙滩常常布满垃圾（李飞 等，2017）。而在此次调查当中，红外相机便拍摄到了一只被塑料垃圾套住脖颈的欧亚水獭（图4.19）。

图4.19　被塑料垃圾套住脖颈的欧亚水獭 （摄影/ 嘉道理农场暨植物园）

4. 栖息地破碎化

　　当前在中国，除青藏高原外，其他地区残存的水獭种群以小种群的形式退缩至边缘的破碎化栖息地当中。据徐龙辉（1984）依据毛皮特征进行的推测，中国应至少分布有欧亚水獭的5个亚种，分别为东北地区的*L. l. lutra*、青藏高原的*L. l. kutab*、云南西北的*L. l. nair*、海南岛的*L. l. hainana*以及南方各省的*L. l. chinensis*。破碎化的栖息地阻断了各亚种种群内的个体交流，规模较小的种群则可能会因遗传多样性降低而面临更大的灭绝风险（Fahrig, 2003）。类似的情况也出现在南亚次大陆，欧亚水獭的三个亚种*L. l. monticolus*、*L. l. kutab*和*L. l. nair*内部栖息地间的割裂和隔离是印度的欧亚水獭面对的最主要威胁之一（Hung et al., 2014）。

　　在微生境的尺度上，如水坝、人工河岸等水利设施以及闹市、景区等人类活动密集的地点、渔场等鱼类遭受大量捕捞的区域都可以对生活在其间的欧亚水獭种群形成客观上的隔离，导致原本存在基因交流的大种群被分割为彼此无法往来的小种群。这一过程中分割出的种群规模越小，其抵抗如前一部分提到的人为蓄意猎杀、报复性猎杀以及如误杀、路杀等偶然性因素的能力也就越弱，最终导致局域种群灭绝风险的加剧。此外，在宏观尺度上存在的因基因库缩小而导致的遗传多样性降低也在一定程度上对各个局域种群的维系和壮大造成了阻碍与影响。

5. 全球气候变化

欧亚水獭作为淡水生态系统的旗舰物种，其生存的水生环境在全球气候变化的影响下首当其冲（Kruuk, 2006; Cianfrani et al., 2011）。

最近开展的一项气候变化对全球水獭影响的评估表明，在2070年，全球的水獭栖息地均会经历不同程度的变化（Cianfrani et al., 2018）。就中国的3种水獭来说，欧亚水獭的栖息地在较低纬度将会有轻微退缩，但在高纬度地区会新增大量的适宜栖息地，总体面积将会增加13%～18%；江獭的适宜栖息地几乎没有减少，并且会在北部新增部分适宜栖息地，总体面积将增加10%～11%；而亚洲小爪水獭则会受到来自气候变化的严重影响，仅在东北部出现少量新增栖息地，总体适宜栖息地面积将减少17%～41%（Cianfrani et al., 2018）。与此同时，在2070年，3种水獭栖息地受保护的程度均会有所提高，且除江獭分布区的人类活动压力会稍有上升（2%～4%）外，在未来气候情境下，欧亚水獭和小爪水獭的适宜栖息地的人类活动压力都会有相当程度的下降（7%和12%）（Cianfrani et al., 2018）。

虽然从景观尺度来看，在气候变化情景下，3种水獭的栖息地不但不会受到很大的影响，甚至在保护区覆盖度和人类活动压力上还有一定程度的改善，但在衡量物种的实际生存状况和面临的保护问题时，真实世界的情况往往要复杂得多。

从栖息地的适宜度来看，在全球气候变暖的情境下，靠近北极的冰雪和永冻层融化所带来的水文状况改善或许使得欧亚水獭和北美水獭的分布区域向北扩展，但同时地处热带的江獭、小爪水獭等物种的栖息地会面临湖泊、湿地干涸的严重威胁，而这一情况将随着上述地区水文状况恶化所导致的人类对水资源控制的加强而大大加剧（Kruuk, 2006）。

图4.20　2022年夏季青海玉树因干旱而大片干涸的水獭栖息地 （摄影/ 韩雪松）

此外，从个体的适合度上讲，虽然生理上水獭或许会受益于水温升高所带来的热量消耗减少（Kruuk，2006），但在2004年进行的一项研究表明，20世纪增加了0.6℃的平均气温已经对水体中的鱼类群落组成产生了长远的改变（Genner et al.，2004），因此可能会通过食物组成与结构的变化对水獭带来负面且深远的影响（Kruuk，2006）。

最后，同人类一样，在水獭未来的栖息地当中，会出现更多的极端天气，如干旱、暴雨等，诸如此类偶然事件发生频率的上升或许也会对水獭的生存及其种群的繁衍产生不利的影响（Cianfrani et al.，2011），特别是对因上述种种人类活动而分离形成的较小种群来说，威胁更大（图4.20）。

三、认知与投入不足

1. 科学研究兴趣及投入有待加强

在中国，目前仍未有足够的资源投入有关水獭的调查、研究以及保护工作当中，而此类认识及重视的缺乏或许会引起本土水獭状况的持续恶化（Zhang et al., 2018）。就研究兴趣而言，某一物种、类群或话题受到的来自科研社团的关注往往可以通过发表的学术文章以及学位论文数量得以反映。在通常状况下，更高的研究兴趣往往意味着对调查、保护等实际工作的更多基金、项目等资源的投入（Fan et al., 2018），因而也会有更多的调查报告、科学论文、媒体报道等刊发。然而，当前学者们的研究兴趣明显偏向于少数"明星"物种，例如，截至2018年，与川金丝猴（*Rhinopithecus roxellana*）相关的有350篇学术论文、37篇博士论文、112篇硕士论文以及33项国家自然科学基金项目；与大熊猫（*Ailuropoda melanoleuca*）相关的有862篇学术论文、89篇博士论文、231篇硕士论文以及64个国家自然科学基金项目（Fan et al., 2018; Zhang et al., 2018）。相比之下，水獭此前似乎并未被国内科研和保护机构所重视。在1958—2017年间，共有33篇以水獭（欧亚水獭、亚洲小爪水獭、江獭）为研究对象的中文文章发表，其中7篇有关其分布及种群状况、2篇有关生理学、4篇有关捕杀水獭的方法、11篇有关人工饲养、其余9篇则为其他方面。在英文文章方面，只有6篇学术论文发表，其中4篇有关金门的水獭种群，而另外2篇则为中国大陆水獭状况的综述（Zhang et al., 2018）。同时期内，仅有2篇硕士论文以水獭作为其研究对象，其中一篇来自台湾大学（黄传景，2005），研究金门水獭的种群遗传结构和分布规律，而另一篇来自海南师范大学（雷伟，2009），研究海南水獭的分布和栖息地选择。没有一篇博士论文以水獭作为研究对象。

在国家自然科学基金方面，直至2019年，才有两个以水獭作为研究对象的项目得到立项资助，一个是中山大学张璐的"高海拔生境和鱼类放生活动对欧亚水獭食性和栖息地利用的影响"，另一个是北京林业大学栾晓峰的"东北地区水獭分布时空动态变化及其保护规划"。

回顾近年来的水獭记录，可以看到多数报道均为受伤后的救治或在野外的偶然目击。仅以四川省为例，近年来多数新增的水獭记录均为偶然目击，例如，2013年8月在南充市、2017年10月在泸州叙永县、2019年9月在甘孜州新龙县、2020年6月在阿坝州金川县、2020年11月在阿坝州九寨沟、2021年3月在甘孜州石渠县、2021年10月在甘孜州色达县、2022年3月在甘孜州得荣县等。相比之下，来自科研院所、保护区等专业机构的调查，特别是专项调查记录屈指可数，仅有如黑龙江南瓮河国家级自然保护区、吉林长白山国家级自然保护区、四川唐家河国家级自然保护区、四川卧龙国家级自然保护区、浙江象山韭山列岛海洋生态国家级自然保护区等的相关记录。由此可见，水獭这一类群在当前显然没有引起科研团体和有关部门的足够重视与关注。不过，由此亦可看出，在全民自媒体时代，公众的参与和发现或许对水獭等关注不足类群的发现与保护形成了很好的补充，从而或许能够推动有关部门对这些物种和类群的重视。

另外，2019年4月，在嘉道理农场暨植物园的联络与筹备下，以"守护水獭的明天"为主题的唐家河第十四届国际水獭研讨暨培训交流会在四川唐家河国家级自然保护区成功召开，来自全球28个国家和地区的水獭研究专家与保护者代表150余人参加了会议（图4.21）。作为国际水獭研究和保护的最高级别会议，这一会议在中国的成功举办无疑在增强对水獭这一备受忽视的类群的关注方面是大有裨益的。

图4.21　唐家河第十四届国际水獭研讨暨培训交流会（来源/嘉道理农场暨植物园）

2. 官方保护体系及能力有待完善

在中国，水獭的保护管理目前也存在一定的问题与不足，有待未来工作的解决与完善。简单来说，这些问题主要可以总结为：① 水獭及其栖息地保护管理权属复杂；② 自然保护地空间覆盖不足；③ 国家公园、自然保护区的保护管理能力有待提高。

由于水獭主要生存于河流、湖泊等水体当中，因此其"水生哺乳动物"的身份使得其水生栖息地的直接管辖权自1993年起便归属农业部门，但在2000年以后大部分有过水獭记录的自然保护区却又归属国家林业局管理（Zhang et al., 2018）。与此同时，近年来大量新增的水獭栖息地实际上是位于自然保护区覆盖范围之外的，而很多地方基层农业主管部门对于新近出现在其辖区内的水獭及其所面临的保护管理问题是缺乏敏锐认识与系统知识的。因此，就目前的状况而言，水獭及其栖息地管理权属的分离势必会给该物种的统一保护和管理造成一定困难。

前面提到的一项2018年的研究对欧亚水獭在中国当前的保护空缺进行了计算（Zhang et al., 2018）。在中国当前210 000 km^{2}的欧亚水獭潜在栖息地当中，仅有约18%处于自然保护地的范围之内。其中，三江源国家级自然保护区内可能保有的欧亚水獭栖息地，几乎占全国自然保护区内潜在栖息地的一半。就保护空缺而言，目前处于自然保护地范围之外的约82%的欧亚水獭潜在栖息地，主要集中于西藏东部、四川西部、内蒙古东北部、黑龙江东部以及吉林东部（对亚洲小爪水獭和江獭来说，目前所有的数据甚至还无法帮助我们对其在中国当前的潜在栖息地及保护空缺进行分析）。在中国政府在录的水生野生动物生存的21个国家级和52个省级自然保护区中，没有任何一个以水獭命名，也仅有5个国家级和3个省级自然保护区将其范围内的水獭作为特别保护对象而给予了相对多的关注（Zhang et al., 2018）。就自然保护地的覆盖能在何种程度上有助于该物种的保护这一问题，Loy（2018）认为，在亚洲，特别是印度和中国，在水獭栖息地建立空间上连续的自然保护区将会对这一物种的恢复起到巨大的促进作用。

不过，在2018年初，由农业部颁布的《国家重点保护水生野生动物重要栖息地名录》中，有四川省诺水河、陕西省太白湑水河、陕西省丹江武关河以及陕西省黑河四块水獭重要栖息地上榜，让人欣见一缕欧亚水獭种群复苏的希望之光。除此之外，正如张超等（2022）所发现的，虽然国家级自然保护区在东北地区仅覆盖了11.64%的潜在水獭栖息地与10.88%的水獭保护优先区，但东北的三大国有林区却覆盖了71.18%的潜在栖息地和79.26%的保护优先区，而在天然林禁伐的背景下，这些重点国有林区实际上具备着巨大的保护潜力与能量。

　　除去宏观上的水獭管理机制问题外，在自然保护相关行业中，基层保护管理人员也普遍存在对水獭认识与了解欠缺所导致的保护管理能力不足的问题。2016年，中山大学生命科学学院针对国内野生动物调查与保护从业者（包括但不限于野生动物研究者、生态旅游向导、野生动物摄影师、自然保护非政府组织员工、自然保护区和林业渔政机构人员）及普通的野生动物爱好者，在线上及线下进行了一项问卷/访谈调查。在调查中，研究者使用海狸鼠（*Castor fiber*）、欧亚河狸（*Myocastor coypus*）、北美水貂（*Neovison vison*）、圆鼻巨蜥（*Varanus salvator*）以及欧亚水獭来检验受访者对水獭的辨识能力，并使用游泳、啃树、吃鱼、修建堤坝和爬树等五项行为来检验他们对水獭行为与习性的了解程度（Zhang et al., 2018）。结果表明，在回收的249份来自相关从业者的有效问卷当中（平均从业时间8.5年，平均每人每年在野外时间3.8个月），仅有54%的从业者可以准确地从五个选项中识别出水獭，48%的从业者能够准确判断出水獭的习性，这同普通自然爱好者并未表现出明显的差别；只有31%的从业者和32%的爱好者同时正确分辨出水獭及其习性（Zhang et al., 2018）。更何况在实际情况中，还有其他类群也容易同水獭相混淆（图4.22）。近年来，中国发表的一些有关水獭的调查和研究报告中，一些文献也指出基层工作人员水獭调查经验的缺乏在一定程度上限制了对其区域内水獭情况的了解（唐卓 等，2019）。由此可见，从政府部门到科研社团再到普通民众，关注与兴趣的缺乏会导致保护和管理能力的欠缺，最终使得中国当前的水獭调查与保护止步不前，障碍重重。

图4.22　笔者2018年9月于新疆喀纳斯进行水獭夜巡时见到的一只横穿河流的石貂（*Martes foina*），对于没有专业设备的人来说确实很容易将其与水獭相混淆，特别是在曾有水獭记录的地点（摄影/恽强）

　　针对自然保护区保护管理能力薄弱的问题，除自上而下地加强重视外，嘉道理农场暨植物园在四川唐家河国家级自然保护区所进行的尝试亦取得了明显效果。为提高基层巡护人员对水獭的调查和保护能力，2018年4月，嘉道理农场暨植物园同保护区合作，成立唐家河水獭调查监测队。在随后的一年中，累计举办培训4场，培训保护区一线工作人员80人次（图4.23）。培训内容包括水獭的生活史和习性、野外活动痕迹辨识、野外调查方法、红外相机等调查设备使用方法、数据记录和存档等，并通过实地巡护以确保巡护队员具备欧亚水獭的野外调查与数据收集能力。唐家河水獭调查监测队的建立，提升了保护区一线工作人员的水獭调查能力，为区域内欧亚水獭的调查监测和保护提供了有力支撑。

图4.23　唐家河水獭调查监测队培训现场　（来源/嘉道理农场暨植物园）

3. 相关法律、法规亟待更新

目前，在《IUCN红色名录》当中，欧亚水獭、亚洲小爪水獭和江獭的野生种群均处于下降趋势（Loy et al.，2021；Khoo et al.，2021；Wright et al.，2021）。其中，欧亚水獭被列为近危（NT，标准A2cde）及CITES附录Ⅰ物种，亚洲小爪水獭被列为易危（VU，标准A2acde）及CITES附录Ⅰ物种（图4.24），江獭被评为易危（VU，标准A2cde）及CITES附录Ⅰ物种。

对于欧亚水獭而言，《IUCN红色名录》基于全球种群状况得出的乐观评估或在一定程度上影响了中国公众及有关部门对其重视程度，从而导致了实际上对其调查及保护投入的不足。欧亚水獭作为分布区从北非起横跨亚欧大陆的物种，其不同分布区的种群状况存在较大差异。相较于欧洲等地在近年来已逐步重建的野生种群，欧亚水獭的中国种群正处于恢复的初期，且仍然面临栖息地破坏、个体损失等许多前文提到的实际威胁，状况不容乐观（Zhang et al.，2018）。因此，在这一阶段，严格的物种和栖息地的法律保护和管理政策对于中国水獭野生种群的重建与扩张是非常必要的。

图4.24 由于外形可爱,亚洲小爪水獭成为最受非法贸易威胁的水獭物种(摄影/Oliver Axton)

在中国,欧亚水獭、亚洲小爪水獭和江獭在1989年初发布的《国家重点保护野生动物名录》中被列为国家Ⅱ级重点保护野生动物。在此后对名录的修订与更新当中(最近一次即是2021年),三种水獭的保护等级也未得到提升。当前,距名录的首次发布已过去三十余年,水獭在中国的野生种群正处于恢复与扩张的关键阶段,考虑到如上提到的水獭在中国面临的种种真实问题和威胁,当前的保护级别所能起到的保护效果恐怕有限。此外,同《IUCN红色名录》当中的评级结果类似,国家Ⅱ级保护动物这个级别可能会给公众甚至有关部门对水獭的重视程度造成影响,无益于改善社会关注不足的问题,从而影响水獭野生种群及其栖息地的调查、研究及保护管理工作。

在青海省三江源地区,外来鱼种的放生因当地居民的虔诚信仰而愈演愈烈,基于此,玉树州人民政府出台了全国首个对外来鱼种放生行为进行严格管理的规定。作为传统的佛教仪轨之一,鱼类放生2019年以前在玉树一直十分普遍。诚然,投入河流的鱼类或许会在短期内为欧亚水獭带来较为充足的食物资源(图4.25),但从长远来看,入侵的外来鱼种势必会给整个河流的生态系统带来不利影响。因此,基

于野外调查中对放生行为的直接记录和通过"青海生态之窗"的有效
系统取证与举报，玉树州人民政府于2019年1月1日颁布了《关于在三
江源头水域禁止外来鱼种随意放生的通告》，其中明确禁止在玉树州
范围内所有公共水域中投放外来鱼种的行为，这对于改善河流生态系
统健康及欧亚水獭种群的繁衍将产生深远的影响。

图4.25　正在进食放生鱼类的欧亚水獭（来源／山水自然保护中心）

　　除此之外，水生栖息地和鱼类资源的保护对于水獭野生种群的
重建、恢复与扩张具有至关重要的意义。在2012年党的十八大会议
之后，一系列水污染治理的法律、法规相继出台，国家对水环境保护
的重视达到前所未有的高度。在经年的工作过后，全国大小河流、湖
泊、湿地水质明显改善，可以说扫清了水獭种群保护与恢复的第一个
可能也是最大的一个障碍。一系列如《中华人民共和国长江保护法》
（2020年12月通过）、《中华人民共和国黄河保护法》（2022年10
月通过）等以自然水体为保护对象的综合保护法律在很大程度上给中
国最重要的水獭栖息地流域提供了强有力的法律保障，从而在根本上

避免了20世纪下半叶发生的悲剧的重演。另外，近年来，各地积极实施的禁渔、限渔政策在很大程度上为水獭野生种群的回归和重建提供了充足的食物资源，特别是自2020年1月开始的"长江十年禁渔计划"，更是为生活在长江流域的、中国曾经最为重要的种群的重建起到了至关重要的作用。从水獭等野生动物生存的根本需求——食物、水源、隐蔽场所而言，近年来的法律、法规的颁布与有关政策的实施已在很大程度上补足了前两块短板，而最后一块，由天然河岸硬化所带来的隐蔽场所缺失，则有待未来法律和政策的调整和完善。

4. 公众认知有待引导

同科研兴趣类似，相比大熊猫、雪豹等旗舰物种，水獭在中国并未受到公众的广泛关注。究其原因，首先，这或许是因为中国仍是世界上生态系统类型最为丰富、生物多样性最高、食肉动物多样性最高的国家之一。东北虎、雪豹、金钱豹、云豹、兔狲、云猫、荒漠猫、大熊猫、藏羚羊、金丝猴……种种遥远神秘的物种吸引着公众的关注，恐怕也吸引了公众的全部关注，使得生性隐秘、可爱却"并无特长"的水獭在历史的角落中被人遗忘与忽略。相比之下，在欧洲和北美，或由于工业化发展时间较长，或囿于大型兽类群落本身较为单一，分布在此处的水獭仍是"值得一提"的，受到了显然较中国水獭更多的关注。其次，相比于中国其他食肉动物，不知何故，虽然在历史上水獭分布于江河溪流，相当常见（否则恐怕难有"獭不祭鱼，国多盗贼"之说），但却一直未如其他食肉动物般衍生出令人熟知的成语和典故。"豺狼当道""狐假虎威""一丘之貉"……这就导致对于一般公众而言，水獭在其脑海中没有对应的形象，哪怕是一个全无道理、消极糟糕的刻板印象。最后，与直观的感觉相反的是，近现代的毛皮产业与贸易似乎也使得水獭的形象变得模糊了。如第二章所述，在这一场将包括水獭在内的许多哺乳动物推向灭绝边缘的浩劫之中，许多原本在中国并无分布或并不为人养殖的物种以毛皮或活体的形式被引入中国，例如，獭兔、旱獭、麝鼠、海狸鼠等，其名称、习性同水獭的相似性使得公众对于水獭形象变得更为模糊与陌生，而这也在很大程度上影响着公众对于水獭的认识。直到今天，从许多有关水獭目击的新闻报道中，我们仍旧可以感受到这样的影响。例如，2005年11月安徽省亳州市涡阳县（李飞 等，2005）、2014年10月在山东省济南市历城区（央视网，2014）、2016年7月在江苏省常州市武进区（武进热点，2016）、2019年3月在内蒙古自治区根河源国家级湿地公园（张玮 等，2019）、2020年4月在黑龙江省哈尔滨市道里区（哈尔滨新闻网，2020）和江苏省常熟市周行镇（杨之洲，2020）、2020年4月在江苏省盐城市盐南高新技术开发区（人民网，2020）、2020年8月在江苏省常熟市白茆工业区（引力播，2020）、2020年9月在安徽省合肥市肥西县（杨雪娇，2020）、2020年12月在江苏省南通市如东县（"城市日历"栏目，2020）、2021年6月在湖南省邵阳市新宁县（邵阳微报，2021）、2022年6月在浙江省上虞市（上虞公安，2022）以及2022年10月在广东省广州市南沙湿地（杨天智，2022）的"水獭"报道实际上均为养殖逃逸的麝鼠（图4.26）、海狸鼠、北美水貂以及雪貂（*Mustela putorius furo*）等物种的误认。

图4.26　北美水貂与麝鼠——最常同欧亚水獭相混淆的物种（摄影／Prazanthy Ramesh，Nileane）

近年来，受到日本"萌"文化的影响，在中国一些社交平台上出现了水獭（图4.27），作为萌宠出现的绝大多数情况下是亚洲小爪水獭。在这些影像下方，除去表达对水獭可爱外表和滑稽行为的喜爱外，最常见的便是在问可否饲养、如何饲养，而博主有意地怂恿或模糊的回答则往往使得非法市场中对水獭的需求居高不下。在公众对水獭保护状况认识不足的情况下，这直接导致了违法捕捉、买卖、运输水獭事件时有发生。例如，2019年10月，广西防城港边境管理支队在横江边境检查站查获一辆装有10只水獭活体的出租车（单芳 等，2019）；2019年10月，为"谋取非法利益和满足个人爱好"，湖南岳阳的谢某通过网络以每只3000～7500元不等的价格，从北京的荆某等处购进亚洲小爪水獭7只（李翔 等，2020），而后者在2020年12月被北京昌平侦查机关查实共向湖南、广东、北京、四川、河南、安徽等省多人出售了15只亚洲小爪水獭，而被查获时家中还有1只水獭待售（润心诵读，2021）；2020年3月，四川泸州警方发现龙马潭区一名男子通过微信公开售卖亚洲小爪水獭，经侦查后破获了一起跨多省市的违法贩卖野生动物案件，其中查获的1只亚洲小爪水獭竟先后经重庆、福建转运而来（罗敏，2020）。因此，如今亟须通过网络、电视媒体等舆论平台就饲养水獭作为宠物这一行为的非法性进行充分的宣传及说明，从而避免非法水獭贸易在中国的兴起。

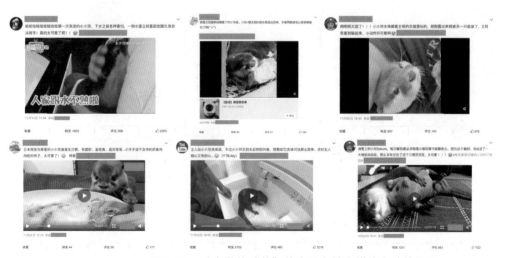

图4.27　对水獭的"萌"的喜爱在社交媒体上随处可见

　　近年来，国内从事水獭调查和保护的机构先后进行了一系列形式多样的公众科普教育活动，在为一线的保护项目筹集资金的同时，也在很大程度上提高了本土社区与社会公众对水獭这一类群的认知。

　　首先，针对本土社区。在青海和四川交界地带的年保玉则地区，从2006年起，年保玉则生态环境保护协会开展了一系列针对欧亚水獭的社区保护工作。从20世纪中后期开始，水獭毛皮穿着之风盛行，整个年保玉则的水獭种群几乎濒临绝迹。21世纪伊始，在野生动物保护有关部门的不断推进和藏传佛教界人士的不断奔走倡议下，2005—2006年冬天，白玉乡和其他藏族聚居区的许多地方一样，举行了烧毁水獭皮、虎豹皮的活动——人们将穿过的动物毛皮丢入烈火，而焚烧所产生的气味和烟尘在空气中甚至弥漫了半个月之久。在当地，甚至2006年出生的很多孩子都以这个历史性的时刻命名，如"dang zig jib"，意为"老虎、豹子平安"，"re dangk jib"，意为"野生动物平安"。在焚烧完水獭皮后不到两年，2008年冬天，年保玉则的各个区域开始有水獭出现的记录，甚至白玉乡的河流中都出现了两只欧亚水獭。随后，从2010年起，年保玉则生态环境保护协会开始对年保玉则地区的欧亚水獭进行样线调查与红外相机监测（图4.28）。特别

图4.28　年保玉则救助的一只欧亚水獭幼崽（来源/年保玉则生态环境保护协会）

是在2011—2013年间，协会还对区域内的340名藏族牧民进行了有关欧亚水獭的保护意识的社区调查，在空间上几乎覆盖了在年保玉则及其周边生活的所有居民。

　　其次，针对社会企业。自2019年起，公益组织守护荒野联合国内企业发起了一系列以水獭为话题的联名公益活动，以探索和挖掘企业在水獭保护当中所能发挥的作用。2019年4月，守护荒野联合山水共和，以荒野云守护志愿者李星明的绘本作品《水獭先生的邻居》为原型展开衍生品开发，并在5月发起《水獭先生》系列手办的众筹活动。在为期35天的众筹活动中，共有1925人参与，相关信息微博浏览量逾80万次，最终累计筹款563 516元，其中41 351.6元用于山水自然保护中心在三江源开展的欧亚水獭调查与保护工作（图4.29）。2019年7月，守护荒野联合潮流品牌BABAMA开启了"荒愿"联名公益项目，2020年BABAMA以水獭为灵感设计了第一代水獭饰品系列，2022年出品了第二代水獭饰品系列。一直以来该系列产品销售产生的部分收益都捐赠给公益组织荒野新疆，支持其在新疆阿尔泰地区的水獭监测与保护工作，到目前为止该合作依旧在继续。2021年4月，守护荒野联合国内水果茶品牌"水獭吨吨"，在摩点平台上线众筹项目"水獭吨吨　超即溶果茶块-茉莉橙橙"，众筹金额部分捐赠给荒野新疆，用

图4.29　守护荒野开展的系列欧亚水獭保护公众筹款活动（来源/守护荒野）

于新疆的水獭调查保护项目；同年5月，"水獭吨吨"推出守护荒野定制联名款夏日限定口味——"双果莓莓"，每盒收益中有一元用于荒野新疆在新疆的水獭保护项目。

再次，针对社会公众。自2019年5月起，先后在青海省生态环境厅信息中心、光明日报等单位的支持下，山水自然保护中心通过抖音、哔哩哔哩、微博等社交平台开展了"云獭·公民科学家""水獭慢直播"等一系列针对欧亚水獭栖息地的直播活动。通过架设在三江源等地的水獭栖息地的摄像头，对欧亚水獭经常活动的位点进行面向公众的实时直播，而公众在记录到水獭影像后则可通过在社交媒体上发布截图等方式实现互动——例如，在2020年的五一假期，在为期五天六晚的直播当中，公众通过直播总计记录到了6次7只欧亚水獭，9次赤狐，以及"数不清"的川西鼠兔（图4.30）。除对野外水獭栖息地的直播外，南京红山森林动物园本土区的水獭馆作为国内最好的动物园水獭展示区，也是直播活动的展示区域之一。

图4.30　山水自然保护中心开展的水獭直播活动（来源/山水自然保护中心）

　　最后，2019年12月，在中国绿化基金会、青海省生态环境厅、三江源国家公园管理局等单位的指导和支持下，国内15家从事水獭调查和保护的政府单位、科研院所以及非营利/公益组织在广州联合发布了《2019中国水獭调查与保护报告》（图4.31）。作为中国对于水獭调查和保护现状的第一次系统整理，报告在回溯国内水獭种群及栖息地状况和既有工作的基础上，也明确了国内水獭的受威胁情况以及未来的调查和保护重点。除参与报告撰写的机构代表

图4.31　发布会现场（来源/山水自然保护中心）

之外，发布会还吸引了一百多名热心水獭保护的大小朋友到场（图4.32），相关活动受到了中新网、新华社、光明网等多家国内主流媒体的报道。

图4.32   一名参与发布会的小朋友当晚写下的日记（来源/山水自然保护中心）

除此之外，2017年以来，荒野新疆、红树林基金会、嘉道理农场暨植物园、山水自然保护中心、中山大学生命科学学院、上海动物园、南京红山森林动物园等机构单位以及深圳市水獭吨吨食品科技有限公司等企业、"鸟窝里的猫妖""花蚀"等保护博主都曾在世界水獭日、生物多样性日等时间开展过有关水獭的线上、线下科普活动，

极大地拉近了公众同水獭的距离，增进了公众对于这一类群的了解与
关注。

小结：威胁程度评估

　　针对上述14项由文献中总结而来的中国水獭面临的潜在威胁，
2019年，20名来自保护区、科研院所以及非营利/公益组织的从事或
曾参与有关水獭调查、研究和保护的一线专家，基于其在各自项目地
的实际水獭工作经验，进行了评估与打分。专家对各项威胁评分的结
果如图4.33所示。

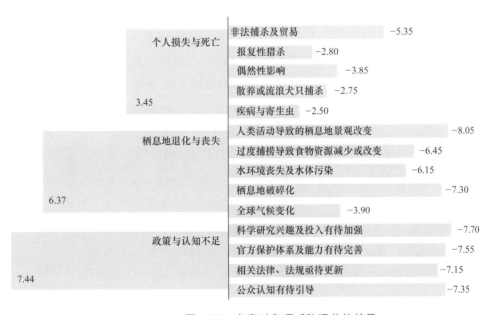

图4.33　专家对各项威胁评分的结果

　　从结果当中我们可以看出，依据一线专家的经验与判断，在
中国水獭所面临的诸多威胁当中，威胁程度从政策环境（平均分
7.44）、栖息地水平（平均分6.37）到个体威胁（平均分3.45）
呈现明显递减趋势，大环境的问题是水獭在中国面临的最紧迫的威

胁。在所有14项潜在威胁当中，评分最高的5项为"人类活动导致的栖息地景观改变"（平均分8.05），"科研研究兴趣及投入有待加强"（平均分7.70），"官方保护体系及能力有待完善"（平均分7.55），"公众认知有待引导"（平均分7.35），以及"栖息地破碎化"（平均分7.30），说明中国水獭所面临的威胁主要来自栖息地的破坏与相应保护关注和行动的缺失。相反，曾在20世纪导致中国水獭种群遭受重创的"非法捕杀及贸易"仅位列第九（平均分5.35），充分证明进入新时代以来，在不同的时代和政策背景下，水獭在中国的受威胁因素和种群增长的限制性因素已发生了根本性的变化，而这也意味着在未来有关水獭的保护宣传与行动应采取与此相适应的话语和设计。

此外，结合参与评估的专家所处的工作地域及其评分来看，不同地域专家所认同的威胁的重要程度也呈现出一定的规律性——由各区域威胁总分平均值可见，当前中国水獭所面临威胁的严峻程度在地域上基本呈现出由西北向东南递增的趋势——新疆仅为71.60（评分人数3），青海为68.75（评分人数4），西藏为53.00（评分人数1），云南为65.00（评分人数2），四川为85.75（评分人数4），海南为69.00（评分人数1），东北地区为79.00（评分人数1），浙江为83.00（评分人数1），广东为93.00（评分人数1），福建为108.50（评分人数2）。虽然当前有关水獭的系统和长期调查尚缺乏，但由于评分是基于各专家在项目地的实际工作经验得出的，或许也可反映出水獭所面临的威胁从西部向东部逐渐严峻的趋势，而这也同我国自然生态系统及生物多样性的威胁在宏观上的分布趋势是相一致的。

第五章

启程：事关中国水獭的未来

从青藏高原到沿海岛礁，从北方森林到雨林山溪，欧亚水獭、亚洲小爪水獭和江獭曾经几乎占据了中国所有的水生环境，分布遍及国土。然而，经过半个世纪的种群下降与栖息地丧失，至20世纪末，原本曾遍布国境的水獭仅蜷存于少数破碎的偏远栖地。进入新世纪后，随着生态文明建设的持续推进，环境保护恢复工作的大力开展，公众自然意识的不断提高，藏匿了近半个世纪的水獭开始逐渐重回大众的视野——在地方政府和保护主管部门、科研院校和非营利/公益组织的努力下，目前全国已有十余个水獭分布点开展了有针对性的水獭调查、研究及保护工作。

然而，必须注意的是，国内的水獭调查和保护仍存在较大空缺。以国内分布最广、适应能力最强的欧亚水獭为例——在其逾百万平方千米的潜在栖息地中，当前已明确其分布的地点寥寥无几，且多来自居民、游客的目击或有关部门的救助，针对水獭种群及分布方面的专项调查研究非常有限，能够明确其种群、分布、威胁等基础生态学信息的则更是屈指可数。更为紧迫的是，在欧亚水獭的潜在分布区中，有至少八成仍处于官方保护体系覆盖之外，尚属保护空缺。至于亚洲小爪水獭和江獭，甚至尚无足够的数据以供分析——前者仅在云南、海南的几块偏远栖息地仍有分布，而后者甚至仅有一笔野外记录。

中国水獭信息的缺乏在来自气候变化和人类活动的双重威胁面前显得更为致命。当前，在个体、栖息地和保护层面，水獭在中国均面临着不同类型的威胁。其中，依据中国二十余位在一线从事水獭调查、研究和保护的专家评判，中国水獭所面临的威胁从政策、栖息地到个体逐渐减轻，从西部地区向东部沿海逐渐增强，而"人类活动导致的栖息地景观改变""科研兴趣及投入有待加强"以及"官方保护体系及能力有待完善"或为中国水獭所面临的最紧迫威胁。

基于此，针对当前中国水獭种群的调查与保护，给出如下建议：① 对保护主管部门，应提高水獭保护级别，完善管理体系，加大调查力度，通过制订保护行动计划快速保护已发现种群，同时对周边潜在栖息地进行快速调查与科学恢复；② 对科研院所，应提高研究兴趣，加大研究投入，通过对水獭生态学和保护生物学研究来指导实地调查和保护工作；③ 对社会公众，增强科普宣传，引导公众认知，发动社会力量，通过公民科学等形式掌握水獭分布情况，明确调查、研究和保护工作方向；④ 对与水獭朝夕相伴、休戚与共的本土社区，尽快查明逐步回归的水獭在哪些方面、何种程度上同人的生活与生计相互关联、相互冲突为当前面临之首要任务。

作为系统梳理中国水獭现状的浅显尝试，本书依然存在诸多不足。在撰写过程中，我们一再感慨水獭基础信息的匮乏；与此同时，也正是这样的现状持续不断地鼓励我们分享已知的信息。因此，对于水獭保护的决策者和领导者，希望本书可以提供最新而有效的信息；对于自然保护区的一线工作人员，希望本书能够提供一个学习和交流的平台；对于从事水獭研究的科研人员，希望本书能够成为有助实践的指南；对于非营利/公益组织的保护工作者，希望本书能够搭建起合作与分享的桥梁；对于生活中热爱自然，关心动物的你，希望可以通过本书向你展示水獭这一可爱类群的一切，愿在水獭种群未来的保护和恢复行动中见到你的身影。

道阻且长，行则将至——关注和参与事关中国水獭的未来，让我们即刻携手启程。

参考文献

- 98K, 2022. 早上彩云湖偶遇水獭，抓了那个大一条鱼在吃，看着都不怕人 [Z/OL]. （2022-04-06）[2023-02-08]. https://www.douyin.com/video/7083355951587151119.
- 9ia6ong, 2022. 又一次拍到水獭，地点在澜沧江畔，环境越来越好了[Z/OL]. （2022-04-07）[2023-02-08]. https://www.douyin.com/video/7083822568263798028.
- AADREAN A, 2013. An investigation of otters trading as pet in Indonesian online markets[J]. Journal biologika, 2：1-6.
- AADREAN A, BOUHUYS J, LI F, el al, 2018. Asia small-clawed otter *Aonyx cinereus*[M]// DUPLAIX N, SAVAGE M. The global otter conservation strategy. Salem：IUCN/SSC Otter Specialist Group：34-39.
- ACHARJYO L N, MISHRA C G, 1983. A note on the longevity of two species of Indian otters in captivity[J]. Journal of the bombay natural history society, 80（3）：636.
- ADRIAN M, DELIBES M, 1987. Food habits of the otter （*Lutra lutra*）in two habitats of the Dofiana National Park, SW Spain[J]. Journal of zoology, 212：399-406.
- AJISHA S, 2015. Influence of different habitats on occurrence of Asian small-clawed otter （*Aonyx cinerea*. Illeger, 1815）in Wayanad, Kerala, India[D]. Kerala：Centre for Wildlife Studies College of Veterinary and Animal Sciences.
- AL-SHEIKHLY O F, HABA M K, BARBANERA F, 2015. Recent sightings of smooth-coated otter *Lutrogale perspicillata* in Hawizeh Marsh （southern Iraq）[J]. IUCN otter specialist group bulletin, 32（1）：30-32.
- ANOOP K, HUSSAIN S, 2005. Food and feeding habits of smooth-coated otters （*Lutra perspicillata*）and their significance to the fish population of Kerala, India[J]. Journal of zoology, 266：15-23.
- ANSELL W F H, 1947. Notes on some Burmese mammals[J]. Journal of the Bombay natural history society, 47：379-383.
- BADHAM M, 1973. Breeding the Indian smooth otter[J]. International zoo yearbook, 13：145-146.
- BEJA P R, 1992. Effects of freshwater availability on the summer distribution of Otters *Lutra lutra* in the Southwest Coast of Portugal[J]. Ecography, 15：273-278.
- BEJA P R, 1996. Temporal and spatial patterns of rest-site use by four female Otters *Lutra lutra* along the south-west coast of Portugal[J]. Journal of zoology, 239：741-753.
- BERNARDO JR A, 2011. Vehicle-induced mortalities of birds and mammals between Aborlan and Puerto Princesa citynational highway[J]. The Palawan scientist, 5：1-10.
- BIAN X, LIANG X, 2020. First photographic evidence of the Eurasian otter （*Lutra lutra*）in an inland saline lake of the Tibetan Plateau, China[J]. IUCN otter specialist group bulletin, 37

　　(4)：191-195.
· BIFOLCHI A, LODÉ T, 2005. Efficiency of conservation shortcuts： an investigation with otters as umbrella species[J]. Biological Conservation, 126：523-527.
· BORGWARDT N, CULIK B M, 1999. Asian small-clawed otters *(Amblonyx cinerea)*：resting and swimming metabolic rates[J]. Journal of comparative physiology B：biochemical, systematic and environmental physiology, 169：100-106.
· BROYER J, AULAGNIER S, DESTRE R, 1988. La Loutre *Lutra lutra* Angustifrons Lataste, 1885 Au Maroc[J]. Mammalia, 52：361-370.
· CALLE P, 1988. Asian small-clawed otter *(Aonyx cinerea)* Uro lithiasis prevalence in North America[J]. Zoo biology, 7：233-242.
· CALLE P, ROBINSON P, 1985. Glucosuria associated with renal calculi in Asian small-clawed otters[J]. Journal of the American veterinary medical association, 187：1149-1153.
· CAMMANN S, 1949. Origins of the court and official robes of the Ch'ing Dynasty[J]. ArtibusAsiae, 12（3）：189-201.
· CARTER, 2018. 湖南湘潭县惊现水獭家族[EB/OL].（2018–01-28）[2022-05-14]. https://www. ke82.com/view/702s4325u0.html.
· CASTRO L, DOLOROSA R, 2006. Conservation status of the Asian small-clawed otter *Amblonyx cinereus*（Illiger, 1815）in Palawan, Philippines[J]. The Philippines scientist, 43：69-76.
· CHANIN, P, 1985. The natural history of otters[M]. New York：Facts On File Publications.
· CHO H S, CHOI K H, LEE S D, et al, 2009. Characterizing habitat preference of Eurasian river otter *(Lutra lutra)* in streams using a self-organizing map[J]. Limnology, 10：203-213.
· CIANFRANI C, BROENNIMANN O, LOY A, 2018. More than just range exposure： global otter vulnerability to climate change[J]. Biological conservation, 221：103-113.
· CIANFRANI C, LE LAY G, MAIORANO L, et al, 2011. Adapting global conservation strategies to climate change at the European scale： the otter as a flagship species[J]. Biological conservation, 144：2068-2080.
· CLAVERO M, PRENDA J, DELIBES M, 2003. Trophic diversity of the otter *(Lutra lutra* L.)* in temperate and mediterranean freshwater habitats[J]. Journal of biogeography, 30（5）：761-769.
· CONROY J W H, FRENCH D D, 1991. Seasonal patterns in the sprainting behaviour of otters *(Lutra lutra* L.)* in Shetland[J]. Habitat, 6：159-166.
· CONROY J, CHANIN P, 2000. The status of the Eurasian Otter *(Lutra lutra)* in Europe-a review[C/OL]// CONROY W, YOXON P, GUTLEB A. Proceedings of the first otter toxicology conference. Isle of Skye： International Otter Survival Fund：7-28 [2023-02-10]. https://www.

otter.org/documents/research/toxicology/toxicology%20report%201.pdf.

· CONROY J, MELISCH R, CHANIN P, 1998. The distribution and status of the Eurasian otter (*Lutra lutra*) in Asia – a preliminary review[J]. IUCN otter specialist group bulletin, 15: 1-9.

· CORBET, G H, 1966. The terrestrial mammals of western Europe[M]. London: Foulis.

· COUDRAT, C, 2016. Preliminary camera-trap otter survey in Nakai-Nam Theun National Protected Area[R/OL]. Vientiane: Association Anoulak. [2023-02-09]. https://www.conservationlaos.com/wp-content/uploads/2018/12/Coudrat_2016_Otters_Nakai-Nam-Theun_FinalReport.pdf

· CUCULESCU-SANTANA M, HORN C, BRIGGS R N, et al, 2017. Seasonal changes in the behaviour and enclosure use of captive Asian small-clawed otters *Aonyx cinereus*[J]. IUCN Otter Specialist Group Bulletin, 34 (1) : 29-50.

· DAENGSVANG S, 1973. First report on Gnathostoma Vietnami- Cum Le-Van-Hoa 1965 from urinary system of otters (*Aonyx cinerea*, Illiger) in Thailand[J]. Southeast Asian journal of tropical medicine and public health, 4: 63-70.

· DE FERRAN V, FIGUEIRÓ H V, DE JESUS TRINDADE F, et al, 2022. Phylogenomics of the world's otters[J]. Current biology, 32 (16) : 3650-3658. e4.

· DE SILVA P K, 1996. Food and feeding habits of the Eurasian Otter *Lutra lutra* L. (Carnivora: Mustelidae) in Sri Lanka[J]. Journal of South Asian natural history, 2: 81-90.

· DE SILVA P K, 1997. Seasonal variation of the food and feeding habits of the Eurasian otter *Lutra lutra* L. (Carnivora, Mustelidae) in Sri Lanka[J]. Journal of south Asian natural history, 2 (2) : 205-216.

· DESAI J H, 1974. Observations on the breeding habits of the Indian smooth otter[J]. International zoo yearbook, 14:123-124.

· DOLIN E J, 2011. Fur, fortune, and empire: the epic history of the fur trade in America[M]. New York: W W Norton & Company.

· DUBOIS E, 1908. Das geologische alter der Kendeng-Oder Tri-Nil-Fauna[J]. Tijdschrift Van Het Koninklijk Nederlandsch Aardrijkskundig Genootschap, 2 (25) : 1235-1270.

· DUPLAIX N, SAVAGE M, 2018. The global otter conservation strategy[M]. Salem: IUCN/SSC Otter Specialist Group.

· ERLINGE S, 1967. Home range of the otter *Lutra lutra* L. in southern Sweden[J]. Oikos, 18:186-209.

· ERLINGE S, 1968. Territoriality of the otter *Lutra lutra* L.[J]. Oikos, 19: 81-98.

· ERLINGE S, 1969. Food habits of the otter *Lutra lutra* L. and the mink mustela vison schreber in a trout water in southern Sweden[J]. Oikos, 21: 1-7.

· FAHRIG L, 2003. Effects of habitat fragmentation on biodiversity[J]. Annual review of ecology, evolution, and systematics, 34: 487-515.

· FAN P, MA C, 2018. Extant primates and development of primatology in China: publications, student training, and funding[J]. Zoological research, 39: 249-254.

· FISHER R H, 1943. The Russian fur trade, 1550 —1700 (Vol. 31) [M]. Oakland: University of California Press.

· FOSTER-TURLEY P, 1992. Conservation aspects of the ecology of Asian small-clawed and smooth otters on the Malay Peninsula[J]. IUCN otter specialist group bulletin, 7: 26-29.

· FOSTER-TURLEY P, ENGFER S, 1988. The species survival plan for the Asian small-clawed otter (*Aonyx cinerea*) [J]. International zoo yearbook, 27: 79-84.

· FOSTER-TURLEY P, MACDONALD S, MASON C, 1990. Otters: an action plan for their conservation[R]. Brookfield: IUCN/SSC Otter Specialist Group, Chicago Zoological Society.

· GENNER M, SIMS D, WEARMOUTH V, et al, 2004. Regional climatic warming drives long-term community changes of British marine fish[J]. Proceedings of the royal society of London (Series B: Biological Sciences) , 271: 655-661.

· GIBSON J R, 1999. Otter skins, Boston ships and china goods: the maritime fur trade of the northwest coast, 1785-1841[M]. Montreal: McGill-Queen's Press-MQUP.

· GNOLI C, PRIGIONI C, 1995. Preliminary study of the acoustic communication of captive otters (*Lutra lutra*) [J]. Hystrix, 7: 289-296.

· GOMEZ L, BOUHUYS J, 2018. Illegal otter trade in Southeast Asia[R]. Petaling Jaya: Traffic.

· GOMEZ L, LEUPEN B, THENG M, et al, 2016. Illegal otter trade: an analysis of seizures in selected Asian countries (1980—2015) [R]. Petaling Jaya: Traffic.

· GONZALEZ J, 2010. Distribution, exploitation and trade dynamics of Asian small-clawed otter *Amblonyx cinereus*, Illiger 1815 in Mainland Palawan, Philippines[D]. Puerto Princesa City: The Western Philippines University Puerto Princesa Campus.

· GORMAN M L, KRUUK H, JONES C, et al, 1998. The Demography of European otters *Lutra lutra*[M]// DUNSTONE N, GORMAN M L. Behaviour and ecology of riparian mammals. Symposia of the zoological society of London 71. New York: Cambridge University Press: 107-118.

· GREEN J E GREEN R, 1983. Territoriality and home range in Scotland[C]//Proceedings of the 3rd International Otter Colloquium. Strasbourg: IUCN Otter Specialist Group.

· GREEN J, GREEN R, JEFFERIES D J, 1984. A radio-tracking survey of otters *Lutra lutra* on a Perthshire river system[J]. Lutra, 27: 85-14 5.

· GROHÉ C, UNO K, BOISSERIE J R, 2022. Lutrinae Bonaparte, 1838 (Carnivora, Mustelidae) from the Plio-Pleistocene of the Lower Omo Valley, southwestern Ethiopia: systematics and new insights into the paleoecology and paleobiogeography of the Turkana otters[J]. Comptes Rendus Palevol, 30: 681-704.

- HAQUE M, VUAYAN V, 1995. Food habits of the smooth Indian otter（*Lutra perspicillata*）in Keoladeo National Park, Bharatpur, Rajasthan, India[J]. Mammalia, 59: 345-348.
- HARRIS C J, 1968. Otters: a study of the recent Lutrinae[R]. London, Weidenffeld and Nicolson.
- HAUER S, ANSORGE H, ZINKEO, 2002. Mortality patterns of otters（*Lutra lutra*）from eastern Germany[J]. Journal of zoology, 256: 361-368.
- HELVOORT B E, MELISCH V R, LUBIS I R, et al, 1996. Aspects of preying behaviour of smooth-coated otters *Lutrogale perspicillata* from southeast Asia[J]. IUCN otter specialist group bulletin, 13: 3-7.
- HIGHWAYS AGENCY, 1999. The good roads guide: nature conservation andadvice in relation to otters. Design manual for roads andbridges[R]. London: The Stationery Office.
- HON N, NEAK P, KHOV V, et al, 2010. Food and habitat of Asian small-clawed otters in northeastern Cambodia[J]. IUCN otter specialist group bulletin, 27: 12-23.
- HOUGHTON S J, 1987. The smooth-coated otter in Nepal[J]. IUCN otter specialist group bulletin, 2: 5-8.
- HUNG N, LAW C, 2014. *Lutra lutra*（Carnivora: Mustelidae）[J]. Mammalian species, 48: 109-122.
- HUSSAIN S A, 1993. Aspects of ecology of smooth-coated otter（*Lutra perspicillata*）in National Chambal Sanctuary）[D]. Aligarh: Aligarh Muslim University.
- HUSSAIN S A, 1996. Group size, group structure and breeding in smooth-coated otter *Lutra perspicillata* Geoffroy in National Chambal Sanctuary[J]. Mammalia, 60: 289-297.
- HUSSAIN S A, BADOLA R, SIVASOTHI N, et al, 2018. Smooth-coated otter *Lutra galeperspicillata*[M]// DUPLAIX N, SAVAGE M. The global otter conservation strategy. Salem: IUCN/SSC Otter Specialist Group: 26-33.
- HUSSAIN S A, CHOUDHURY B C, 1995. Seasonal movement, home range, and habitat use by smooth-coated otters in National Chambal Sanctuary, India[C]//Habitat 11–Proceedings VI. International Otter Colloquium. Pietermaritzburg: IUCN Otter Specialist Group: 45-55.
- HUSSAIN S A, CHOUDHURY B C, 1997. Distribution and status of the smooth-coated otter *Lutra perspicillata* in National Chambal Sanctuary, India[J]. Biological conservation, 80: 199-206.
- HUSSAIN S A, GUPTA S K, DE SILVA P K, 2011. Biology and ecology of Asian small-clawed otter *Aonyx cinereus*（Illeger 1815）: a review[J]. IUCN otter specialist group bulletin, 28: 21-23.
- HWANG Y, LARIVIÈRE S, 2005. *Lutrogale perspicillata*[J]. Mammalian species, 786: 1-4.
- IRVING W. 1836. Astoria, or, Enterprise beyond the Rocky Mountains[M]. Paris: Baudry's

European Library.

· JAHRL, 1996. Der EuropaischeFischotter (*Lutra lutra* Linne, 1758) an der Naarn im BundeslandOberostereich: eine Erhebung mittels indirekter Nachweise mit einer Diskussion der Untersuchungsmethode und des Markierungsverhaltens[D]. Salzburg: University of Salzburg.

· JAMWAL P, TAKPA J, CHANDAN P, et al, 2016. First systematic survey for otter (*Lutralutra*) in Ladakh, India Trans-Himalayas[J]. IUCN otter specialist group bulletin, 33: 79-85.

· JANG-LIAW N H, 2021. A barcoding-based scat-analysis assessment of Eurasian otter *Lutra lutra* diet on Kinmen Island[J]. Ecology and evolution, 11 (13) : 8795-8813.

· JEFFERIES D, 1989. The changing otter population of Britain 1700-1989[J]. Biological journal of the Linnean Society, 38: 61-69.

· JENKINS D, BURROWS G O, 1980a. Ecology of otters in northern Scotland. III. The use of faeces as indicators of otter (*Lutra lutra*) density and distribution[J]. The journal of animal ecology, 49 (3) : 755-774.

· JENKINS D, HARPER R, 1980b. Ecology of otters in northern Scotland: II. Analyses of otter (*Lutra lutra*) and mink (*Mustela vision*) feces from Deeside, N.E. Scotland in 1977-78[J]. The journal of animal ecology, 49 (3) : 737-754.

· KARAMANLIDIS A A, HORNIGOLD K, KRAMBOKOUKIS L, et al, 2014. Occurrence, food, habits, and activity patterns of Eurasian Otters *Lutra lutra* in northwestern Greece: implications for research and conservation[J]. Mammalia, 78: 1-5.

· KASUMOVA N, ASKEROV E, 2009. Current status of the Eurasian otter (*Lutra lutra* L.) in Azerbaijan[M]// Zazanashvili N, Mallon D. Status and protection of globally threatened species in the Caucasus. Tbilisi: Contour Ltd.: 92-97.

· KEAN E F, 2012. Scent communication in the Eurasian otter (*Lutra lutra*) and potential applications for population monitoring[D]. Cardiff: Cardiff University.

· KEYMER I, WELLS G, MASON C, et al, 1988. Pathological changes and organochlorine residues in tissues of wild otters (*Lutra lutra*) [J]. Veterinary Record, 122: 153-155.

· KHAN M S, DIMRI N K, NAWAB A, et al, 2014. Habitat use pattern and conservation status of small-clawed otter *Lutrogale perspicillata* in the upper Ganges basin, India[J]. Animal biodiversity and conservation, 37 (1) : 69-76.

· KHOO M D Y, SIVASOTHI N, 2018. Population structure, distribution, and habitat use of smooth-coated otters *Lutrogale perspicillata* in Singapore[J]. IUCN otter specialist group Bulletin, 35 (3) : 171-182.

· KHOO M, BASAK S, SIVASOTHI N, et al, 2021. *Lutrogale perspicillata*. The IUCN red list of threatened species 2021: e.T12427A164579961[EB/OL]. (2020-01-21) [2023-02-11]. https://www.iucnredlist.org/species/12427/164579961.

· KOELEWIJN H P, PÉREZ-HARO M, JANSMAN H A H, et al, 2010. The reintroduction of the Eurasian otter (*Lutra lutra*) into the Netherlands: hidden life revealed by noninvasive genetic monitoring[J]. Conservation Genetics, 11 (2) : 601-614.

· KOEPFLI K, KANCHANASAKA B, SASAKI H, et al, 2008. Establishing the foundation for an applied molecular taxonomy of otters in southeast Asia[J]. Conservation genetics, 9: 1589.

· KOEPFLI K, WAYNE R, 1998. Phylogenetic relationships of otters (Carnivora: Mustelidae) based on Mitochondrial Cytochrome B Sequences[J]. Journal of zoology London, 246: 401-416.

· KOUFOS G, 2011. The Miocene carnivore assemblage of Greece[J]. Estudios Geológicos, 67: 291-320.

· KRANZ A, 1995. On the ecology of otters (*Lutra lutra*) in central Europe[D]. Vienna: University of Agriculture of Vienna.

· KRUUK H, 1992. Scent marking by otters (*Lutra lutra*) : signaling the use of resources[J]. Behavioral ecology, 3: 133-140.

· KRUUK H, 1995. Wild otters: predation and populations[M]. New York: Oxford University Press.

· KRUUKH, 2006. Otters: ecology, behavior, and conservation[M]. New York: Oxford University Press.

· KRUUK H, BALHARRY D, 1990. Effects of sea water on thermal insulation of the otter, *Lutra lutra*[J]. Journal of zoology, 220: 405-415.

· KRUUK H, CARSS D, CONROY J, et al, 1993. Otter (*Lutra lutra* L.) numbers and fish productivity in rivers in north-east Scotland[J]. Zoological society of London symposia, 65: 171-191.

· KRUUK H, KANCHANASAKA B, O'SULLIVAN S, et al, 1994. Niche separation on the three sympatric otters (*Lutra perspicillata*, *L. lutra*, and *Aonyx cinerea*) in Huai Kha Khaeng, Thailand[J]. Biological conservation, 69: 115-120.

· KRUUK H, MOORHOUSE A, 1991. The spatial organization of otters (*Lutra lutra*) in Shetland[J]. Journal of zoology, 224: 41-57.

· KRUUK H, MOORHOUSE A, CONROY J W H, et al, 1989. An estimate of numbers and habitat preferences of otters *Lutra lutra* in Shetland, UK[J]. Biological conservation, 49 (4) : 241-254.

· KRUUK H, TAYLOR P, MOM G, 1997. Body temperature and foraging behaviour of the Eurasian otter （*Lutra lutra*）, in relation to water temperature. Journal of zoology, 241: 689-697.

· KUHN R, ANSORGE H, GODYNICKI S, et al, 2010. Hair density in the Eurasian otter *Lutra lutra* and the sea otter *Enhydra lutris*[J]. Acta Theriologica, 55: 211-222.

· KUHN R, MEYER W, 2009. Infrared thermography of the body surface in the Eurasian otter *Lutra lutra* and the giant otter *Pteronura brasiliensis*[J]. Aquatic biology, 6: 143-152.

· LAI P H, NEPAL S K, 2006. Local perspectives of ecotourism development in Tawushan nature reserve, Taiwan[J]. Tourism management, 27: 1117-1129.

· LANCASTER E, 1975. Exhibiting and breeding the Asian small-clawed otter *Amblonyx cinerea* at Adelaide Zoo[J]. International zoo yearbook, 15: 63-65.

· LARIVIÈRE S, 2003. *Amblonyx cinereus*[J]. Mammalian species, 720: 1-5.

· LARIVIÈRE S, JENNINGS A, 2009. Family Mustelidae （Weasels and Relatives） [M]// WILSON D, MITTERMEIER R. Handbook of the mammals of the world: Vol I. Barcelona: Lynx Edicions.

· LATOURETTE K S, 1917. The history of early relations between the United States and China 1784-1844[M]. New Haven: Yale University Press.

· LAU M W N, FELLOWES J R, CHAN B L P, 2010. Carnivores （Mammalia: Carnivora） in South China: a status review with notes on the commercial trade[J]. Mammal review, 40: 247-292.

· LEKAGUL B, MCNELLY J A, 1977. Mammals of Thailand[R]. Bangkok: Association For The Conservation Of Wildlife.

· LESLIE G, 1970. Observations on the oriental short-clawed otter, *Aonyx cinerea*, at Aberdeen zoo[J]. International zoo yearbook, 10: 79-81.

· LESLIE G, 1971. Further observations on the oriental short-clawed otter, *Aonyx cinerea*, at Aberdeen zoo[J]. International zoo yearbook, 11: 112-113.

· LI F, CHAN B, 2018. Past and present: the status and distribution of otters （carnivora: Lutrinae） in China[J]. Oryx, 52 （4）:620-626.

· LI F, ZHENG X, ZHANG H, et al, 2017. The current status and conservation of otters on the coastal islands of Zhuhai, Guangdong Province, China[J]. Biodiversity science, 25 （8） : 840-846.

· Li F, Luo L, Chan B P L, 2019. Notes on distribution, status and ecology of Asian small-clawed otter (*Aonyx cinereus*) in Diaoluoshan National Nature Reserve, Hainan Island, China[J]. IUCN Otter Specialist Group Bulletin, 36A: 39-46.

· LI X, JIANG G, TIAN H, et al, 2015. Human impact and climate cooling caused range contraction of large mammals in China over the past two millennia[J]. Ecography, 38: 74-82.

· LILES G, COLLEY R, 2000. Otter *Lutra lutra* road deaths in Wales: identification of accident blackspots and establishment of mitigation measures[R]. Aberystwyth: Environment Agency

Wales.

· LOY A, 2018. Eurasian otter *Lutra lutra*[M]// DUPLAIX N, SAVAGE M. The global otter conservation strategy. Salem: IUCN/SSC Otter Specialist Group: 46-57.

· LOY A, KRANZ A, OLEYNIKOV A, et al, 2021. *Lutra lutra* (amended version of 2021 assessment). The IUCN Red List of Threatened Species 2022: e.T12419A218069689[EB/OL]. (2020-01-31) [2023-02-11]. https://www.iucnredlist.org/species/12419/218069689.

· MACDONALD D, 1993. Mammals of Britain and Europe[M]. London: Harpercollins.

· MADSEN A, DIETZ H, HENRIKSEN P, et al, 2000. Survey of Danish free-living otters *Lutra lutra* consecutive collection and necroscopy of dead bodies[C/OL]// CONROY W, YOXON P, GUTLEB A. Proceedings of the First Otter Toxicology Conference. Isle of Skye: International Otter Survival Fund: 47-56 [2023-02-10]. https://www.otter.org/documents/research/toxicology/toxicology%20report%201.pdf.

· MADSEN A, PRANG A, 2001. Habitat factors and the presence or absence of otters *Lutra lutra* in Denmark[J]. Acta Theriologica, 46: 171-179.

· MARGONO B, POTAPOV P, TURUBANOVA S, et al, 2014. Primary forest cover loss in Indonesia over 2000-2012[J]. Nature Climate Change, 4: 730-735.

· MASLANKA M T, CRISSEY S D, 1998. The Asian small clawed otter husbandry manual[R]. Colombia: Columbus Zoological Gardens.

· MASON C F, MACDONALD S M, 1986. Otters: ecology and conservation[M]. Cambridge: Cambridge University Press.

· MASON C F, MACDONALD S M, 1993. Impact of organochlorine pesticide residues and PCBs on otters (*Lutra lutra*): a study from western Britain[J]. The science of the total environment, 138: 127-145.

· MASON C F, MACDONALD S M, 2009. Otters: ecology and conservation[M]. Cambridge: Cambridge University Press.

· MCDONALD, R, 2007. Decline of invasive alien mink (*Mustela vison*) is concurrent with recovery of native otters (*Lutra lutra*) [J]. Diversity and distributions, 13: 92-98.

· MCMILLAN S E, WONG A T C, TANG S S Y, et al, 2023. Spraints demonstrate small population size and reliance on fishponds for Eurasian otter (*Lutra lutra*) in Hong Kong[J]. Conservation science and practice, 5 (1): e12851.

· MCMILLAN S, WONG T, HAU B, et al, 2019. Fish farmers highlight opportunities and warnings for urban carnivore conservation[J]. Conservation science and practice, 1: e79.

· MEDHI K, CHAKRABORTY R, UPADHYAY J, 2014. Photographic record of smooth-coated otter (*Lutrogale perspicillata* Geoffroy 1826) in Nyamjang Chu Valley, Arunachal Pradesh, India[J].

IUCN otter specialist group bulletin, 31（2）：75-79.
· MELISCH R, ASMORO P B, KUSUMAWARDHANI L, 1994. Major steps taken towards otter conservation in Indonesia[J]. IUCN otter specialist group bulletin, 10：21-24.
· MELISCH R, FOSTER-TURLEY P, 1996. First record of hybridisation in otters（Lutrinae: Mammalia）, between Smooth-coated Otter, *Lutrogale perspicillata*（Geoffroy, 1826）and Asian small-clawed otter, *Aonyx cinerea*（Illiger, 1815）[J]. Zoologische Garten, 66：284-288.
· MÉNDEZ-HERMIDA F, GÓMEZ-COUSO H, ROMERO-SUANCES R, et al, 2007. Cryptosporidium and giardia in wild otters（*Lutra lutra*）[J]. Veterinary Parasitology, 14：153-156.
· MONTOYA P, MORALES J, ABELLA J, 2011. Musteloidea（Carnivora, Mammalia）from the late Miocene of Venta Del Moro（Valencia, Spain）[J]. Estudios Geológicos, 67：193-206.
· MORETTI B, AL-SHEIKHLY O, GUERRINI M, et al, 2017. Phylogeography of the smooth-coated otter（*Lutrogale perspicillata*）: distinct evolutionary lineages and hybridization with the Asian small-clawed otter（*Aonyx cinereus*）[J]. Scientific reports, 7：41611.
· MORSE H B, 1926. The chronicles of the East India Company: trading to China 1635-1834[M]. Ocford: Clarendon Press.
· MOTOKAZU A, 2012. Lake Biwa: interactions between nature and people[M]. New York: Springer Dordrecht Heidelberg.
· MUCCI N, ARRENDAL J, ANSORGE H, et al, 2010. Genetic diversity and landscape genetic structure of otter（*Lutra lutra*）populations in Europe[J]. Conservation genetics, 11（2）: 583-599.
· NADERI S, MIRZAHANI A, HADIPOYR E, 2017. Distribution of and threats to the Eurasian otter （*Lutra lutra*）in the Anzai Wetland, Iran[J]. IUCN otter specialist group bulletin, 34：84-94.
· NAIDU M K, MALHOTRA A K, 1989. Breeding biology and status of smooth India otter *Lutrogale perspicillata* in captivity[J]. Asian otter specialist group newsletter, 1（2）: 6.
· NELSON G, 1983. Urinary Calculi in two otters（*Amblyo cixsernaria*）[J]. The journal of zoo animal medicine, 14：72-73.
· NOLET, B A, WANSINK D E H, KRUUK H, 1993. Diving of otters（*Lutra lutra*）in a marine habitat: use of depths by a single-prey loader[J]. Journal of animal ecology, 62：22-32.
· NOR B H M, 1989. Preliminary study on food preference of *Lutra perspicillata* and *Aonyx cinerea* in TanjungPiandang, Perak[J]. Journal of wildlife and parks, 8：47-51.
· Ó NÉILL L, VELDHUIZEN T, JONGH A, et al, 2009. Ranging behaviour and socio-biology of Eurasian Otters（*Lutra lutra*）on lowland mesotrophic river systems[J]. European journal of wildlife research, 55：363-370.
· OKUN S B, 1939. The Russian-American Company[M]. Leningrad: State socio-economic

publishing house.

· OLEYNIKOV A, SAVELJEV A, 2015. Current distribution, population and population density of the Eurasian Otter （*Lutra lutra*） in Russia and some adjacent countries - a review[J]. IUCN otter specialist group bulletin, 34: 84-94.

· PERINCHERY A, 2008. Conservation genetics of Indian otters and their habitat use in Eravikulam National Park[D]. Manipal: Manipal University.

· PERINCHERY A, JATHANNA D, KUMAR A, 2011. Factors determining occupancy and habitat use by Asian small-clawed otters in the western Ghats, India[J]. Journal of mammalogy, 92: 796-802.

· PETRINI K R, LULICH J P, TRESCHEL L, et al, 1999. Evaluation of urinary and serum metabolites in Asian small-clawed otters （*Amblonyx cinerea*） with calcium oxalate urolithiasis[J]. Journal of zoo wildlife medicine, 30: 54-63.

· PFEIFFER P, CULIK B, 1998. Energy metabolism of underwater swimming in River-Otters （*Lutra lutra* L.） [J]. Journal of comparative physiology B, 168: 143-148.

· PHILCOX C, GROGAN A, MACDONALD D, 1999. Patterns of otter *Lutra lutra* road mortality in Britain[J]. Journal of applied ecology, 36: 748-762.

· POCOCK R I, 2014. The fauna of British India including Ceylon and Burma. Mammalia. Carnivora[M]. London: Taylor & Francis.

· POMERANZ K, TOPIK S, 2014. The world that trade created: society, culture and the world economy, 1400 to the present[M]. Abingdon: Routledge.

· PRATER S H, BARRUEL P, 1971. The book of Indian animals[M]. Bombay: Bombay Natural History Society.

· QUAGLIETTA L, FONSECA V C, MIRA A, et al, 2014. Sociospatial organization of a solitary carnivore, the Eurasian otter （*Lutra lutra*） [J]. Journal of mammalogy, 95 (1) : 140-150.

· RADINSKY L, 1968. Evolution of somatic sensory specialisation in otter brains[J]. Journal of comparative neurology, 134: 495-506.

· RASOOLI P, KIABI B, ABDOLI A, 2007. On the status and biology of the European otter, *Lutra lutra* (Carnivora: Mustelidae) , in Iran[J]. Zoology in the Middle East, 41: 25-29.

· REMONTI L, BALESTRIERI A, SMIROLDO G, et al, 2011. Scent marking of key food sources in the Eurasian otter[J]. Annales ZoologiciFennici, 48: 287-294 .

· REUTHER C, 1991. Otters in captivity—a review with special reference to *Lutra lutra*[J]. Proceedings V. Habitat （Aktion Fischotterschutz） , 6: 269-307.

· REUTHER C, 1999. From the Chairman's desk. IUCN otter specialist group bulletin, 16: 3-6.

· REUTHER C, DOLCH D, GREEN R, et al, 2000. Surveying and monitoring distribution and population trends of the Eurasian otter （*Lutra lutra*）: guidelines and evaluation of the standard method for surveys as recommended by the European section of the IUCN/SSC otter specialist group[R]. IUCN otter specialist group.

· RICHARDS J F, 2003. The unending frontier: an environmental history of the early modern world[M]. Oakland: University of California Press.

· ROBERTS T, 1977. The mammals of Pakistan[M]. London: Ernest Benn Limited.

· ROMANOWSKI J, ZAJĄC T, ORŁOWSKA L, 2010. Wydra. Ambasador Czystych Wód[M]. Kraków: Fundacja Wspierania Inicjatyw Ekologicznych.

· ROOS A, BÄCKLIN B, HELANDER B, et al, 2012. Improved reproductive success in otters （*Lutra lutra*）, Grey Seals （*Halichoerus grypus*） and Sea Eagles （*Haliaeetus albicilla*） from Sweden in relation to concentrations of organochlorine contaminants[J]. Environmental pollution, 170: 268-275.

· ROSLI M K A, SYED-SHABTHAR S M F, ABDUL-PATAH P, et al, 2014.A new subspecies identification and population study of the Asian small-clawed otter (*Aonyx cinereus*) in Malay Peninsula and Southern Thailand based on fecal DNA method[J]. The Scientific World Journal, e457350.

· RUIZ-OLMO J, DELIBES M, ZAPATA S, 1998. External morphometry, demography, and mortality of the otter *Lutra lutra* （Linneo, 1758） in the Iberian Peninsula[J]. Galemys, 10: 239-251.

· RUIZ-OLMO J, MARGALIDA A, BATET A, 2005. Use of small rich patches by Eurasian otter （*Lutra lutra* L.） females and cubs during the pre-dispersal period[J]. Journal of zoology, 265: 339-346.

· RUIZ-OLMO J, OLMO-VIDAL J, MAÑAS S, et al, 2002. The Influence of resource seasonality on the breeding patterns of the Eurasian otter （*Lutra lutra*） in Mediterranean habitats[J]. Canadian journal of zoology, 80: 2178-2189.

· RUIZ-OLMO J, PALAZÓN S, 1997. The diet of the European otter （*Lutra lutra* L., 1758） in Mediterranean freshwater habitats[J]. Journal of wildlife research, 2: 171-181.

· SABRINA S M, 1985. The occurrence of otters in the rice fields and coastal islands and the comparison of these habitats[J]. Journal of wildlife and parks, 4: 20-24.

· SANTILLÁN L, SALDAÑA-SERRANO M, DE-LA-TORRE G E, 2020. First record of microplastics in the endangered marine otter （*Lontra felina*） [J]. Mastozoología neotropical, 27 （1）: 211-215.

· SATO C L, 2018. Periodic status review for the sea otter in Washington[R]. Olympia: Washington Department of Fishand Wildlife.

· SHARIFF S M, 1984. Some observations on otters at Kuala Gula, Perak and National Park,

Pahang[J]. Journal of wildlife and parks, 3: 75-88.

· SHEK C, CHAN C, WAN Y, 2007. Camera trap survey of Hongkong terrestrial mammals in 2002-06[J]. Hong Kong biodiversity, 15: 1-11.

· SHEN X, TAN J, 2012. Ecological conservation, cultural preservation, and a bridge between: the journey of Shanshui conservation center in The Sanjiangyuan Region, Qinghai-Tibetan Plateau, China[J]. Ecology and society, 17: 38.

· SIMPSON V R, COXON K, 2000. Intraspecific aggression, cannibalism and suspected infanticide in otters[J]. British wildlife, 11: 423-426.

· SIMPSON V, 2000. Diseases of otters in Britain[C/OL]// CONROY W, YOXON P, GUTLEB A. Proceedings of the first otter toxicology conference. Isle of Skye: International Otter Survival Fund: 41-46. [2023-02-10]. https://www.otter.org/documents/research/toxicology/toxicology%20report%201.pdf.

· SIVASOTHI N, NOR B H M, 1994. A review of otters (Carnivora: Mustelidae: Lutrinae) in Malaysia and Singapore[J]. Hydrobiologia, 285: 151-170.

· SKAREN U, 1993. Food of Lutra lutra in central Finland[J]. IUCN otter special group bulletin, 8: 31-34.

· SOBEL G, 1996. Development and validation of noninvasive, fecal steroid monitoring procedures for the Asian small-clawed river otter: Aonyx cinerea[D]. Gainesville: University of Florida.

· STEPHENS M N, 1957. The natural history of the otter. A report to the otter committee[R]. London: Universities Federation for Animal Welfare.

· STUBBE M, 1969. Zurbiologie und zumschutz des fischotters Lutra lutra (L.) [J]. Archive Für Naturschutz Landschaftsforsch, 9: 315-324.

· TIMMIS W, 1971. Observations on breeding the oriental short-clawed otter, Amblonyx cinerea, at Chester Zoo[J]. International zoo yearbook, 11: 109-111.

· TORRES J, FELIU C, FERNÁNDEZ-MORÁN J, et al, 2004. Helminth parasites of the Eurasian otter Lutra lutra in southwest Europe[J]. Journal of helminthologym, 78: 353-359.

· TROWBRIDGE B J, 1983. Olfactory communication in the European otter (Lutra lutra L.) [D] Aberdeen: University of Aberdeen.

· VAN BLARICOM G R, 2001. Sea otters[M]. McGregor: Voyageur Press.

· VAN ZYLL DE JONG C, 1987. A phylogenetic study of the Lutrinae (Carnivora: Mustelidae) : using morphological data[J]. Canadian journal of zoology, 65: 2536-2544.

· WALKER B L, 2001. The conquest of Ainu lands: ecology and culture in Japanese expansion, 1590-1800[M]. Oakland: University of California Press.

WANG Q, ZHENG K, HAN X, 2021. Site-specific and seasonal variation in habitat use of Eurasian otters （*Lutra lutra*） in western China：implications for conservation[J]. Zoological Research, 42（6）：825-833.

WARNS-PETIT E, 2001. Liver lobe torsion in an oriental small-clawed otter （*Aonyx cinerea*）[J]. Veterinary Record, 148：212-213.

WAYRE P, 1978. The status of otters in Malaysia, Sri Lanka and Italy[C/OL]// DUPLAIX N. Proceedings of the first working meeting of the otter specialist group. Gland：International for the Conservation of Nature：152-155 [2023-02-11]. https://portals.iucn.org/library/sites/library/files/documents/NS-1978-001.pdf

WEBB J, 1975. Food of the otter （*Lutra lutra*） on the somerset levels[J]. Journal of zoology, 177：486-491.

WEBER M, GARNER M, 2002. Cyanide toxicosis in Asian small-clawed otters （*Amblonyx cinereus*） secondary to Ingestion of Loquat （*Eriobotrya japonica*）[J]. Journal of zoo and wildlife medicine, 33：145-146.

WELLS G, KEYMER I, BARNETT K, 1989. Suspected aleutian disease in a wild otter （*Lutra lutra*）. Veterinary record, 125：232-235.

WILLEMSEN G, 1986.*Lutrogale palae optonyx* （Duboi,1908）, a fossil otter from the Java in the Dubois collection[J]. Proceedings of the Koninklijke Nederland Se Akdemie Van Wetenschappen, 89：195-200.

WILLEMSEN G, 1992. A revision of the pliocene and quaternary Lutrinae from Europe[J]. Scripta Geologica, 101：1-115.

WILLEMSEN G, 2006. Megalenhydris and its relationship to *Lutra* reconsidered[J]. Hellenic journal of geosciences, 97：83-87.

WOZENCRAFF W C, 1993. Order Carnivora[M]// WILSON D E, REEDER D M. Mammal species of the world：a taxonomic and geographic reference. Washington DC：Smithsonian Institution Press：279-348.

WRIGHT L, DE SILVA P K, CHAN B, et al, 2021. *Aonyx cinereus*. The IUCN Red List of Threatened Species 2021：e.T44166A164580923[EB/OL].（2020-02-19）[2023-02-11]. https://www.iucnredlist.org/species/44166/164580923.

YADAV R N, 1967. Breeding of the smooth-coated Indian otter at Jaipur Zoo[J]. International zoo yearbook, 7：130-131.

YOUNG J K, OLSON K A, READING R P, et al, 2011. Is wildlife going to the dogs? Impacts of feral and free-roaming dogs on wildlife populations[J]. BioScience, 61（2）：125-132.

ZHANG L, WANG Q, YANG L, et al, 2018. The neglected otters in China：distribution change in the past 400 years and current conservation status[J]. Biological conservation, 228：259-267.

- ZHANG R, YANG L, LAGUARDIA A, et al, 2016. Historical distribution of the otter （Lutra lutra） in north-east China according to historical records （1950-2014）[J]. Aquatic conservation：marine and freshwater ecosystems, 606：602-606.

- 艾比不拉·卡地儿，2014. 罗布人：绿洲文化变迁的人类学研究[M]. 北京：社会科学文献出版社.

- 艾斯卡尔·艾克热木，阿不都热西提·阿不都克力木，艾山江·司马义，等，2011. 维吾尔医学中饮食与保健探讨[C]. 乌鲁木齐：全国民族医药学术交流会论文集：96-97.

- 白玉县融媒体中心，2022. 淡水精灵"水质检测员"水獭惊现白玉县赠曲河[Z/OL].（2022-05-25）[2023-02-08]. https://www.douyin.com/video/7101702397289975070.

- 班玛县人民政府，2016. 走进绿色班玛：大渡河正源——美丽的玛可河[EB/OL].（2016-08-22）[2023-02-08]. https://www.banma.gov.cn/html/3420/344368.html.

- 蔡鸿生，1986. 清代广州的毛皮贸易[J]. 学术研究，4：85-91.

- 曹国斌，雷永松，吴法清，等，2005. 野人谷自然保护区珍稀濒危野生脊椎动物及其保护[J]. 湖北林业科技，133（3）：26-29.

- 陈藏器，2004.《本草拾遗》辑释[M]. 合肥：安徽科学技术出版社.

- 陈代贤，1991. 水獭肝及其混伪品的鉴别[J]. 中药材，14（11）：23.

- 陈芳，2012. 晚明女子头饰"卧兔儿"考释[J]. 艺术设计研究，3，25-33.

- 陈莉君，1987. 兰州商业中心城市的地位和作用[J]. 经济地理，7（1）：39-43.

- 陈梦雷，蒋廷锡，2006. 钦定古今图书集成[M]. 济南：齐鲁书社.

- 陈元龙，1989. 格致镜原[M]. 扬州：江苏广陵古籍刻印社.

- 陈湛绮，2008. 督理崇文门商税盐法.干隆四十五年新增税则[M]//国家图书馆藏清代税收税务档案史料汇编编委会.国家图书馆藏清代税收税务档案史料汇编：第 7 册.北京：全国图书馆文献缩微复制中心：3021.

- "城市日历"栏目，2020. 如东强民村：农作物被践踏作俑者是水獭？[EB/OL].（2020-12-11）[2023-02-08]. https://www.ntjoy.com/html/bendi/2020/1211/236834.shtml.

- 崇彝，1982.道咸以来朝野杂记[M]. 北京：北京古籍出版社.

- 崔荣荣，张竞琼，2005. 传统裘皮服装服用功能性的流变[J]. 纺织学报, 26 (6): 139-141.

- 崔占平，1959. 水獭的饲养和繁殖[J]. 动物学杂志，5：24-26.

- 戴德，2019. 大戴礼记[M]. 南京：江苏人民出版社.

- 戴圣，2022. 礼记[M]. 北京：中华书局.

- 单芳，陈悦，2019. 广西防城港：车尾箱藏10只水獭被查[EB/OL].（2019-10-15）[2023-02-08]. http://pic.people.com.cn/n1/2019/1015/c1016-31401486.html.

- 得荣公安，2022. 得荣县一家饭店溜进一只呆萌动物，原来是水獭！[EB/OL].（2022-06-14）[2023-02-08]. https://mp.weixin.qq.com/s/PTgbLFLtMm_lrasPcDRvcg.

· 德格县融媒体中心，2022. 5月3日，德格县城境内意外发现一只国家二级保护动物—水獭[Z/OL].（2022-05-05）[2023-02-08]. https://www.douyin.com/video/7094110397870984456.
· 德宏团结报，2017. 在德宏拍到的这只50厘米小动物竟是"世界级"的[EB/OL].（2017-06-07）[2023-02-08]. https://www.sohu.com/a/146830978_248060.
· 东哥带你看东北，2021. #水獭国家二级重点保护野生动物 #吉林黄泥河国家级自然保护区 #日常巡护监测#抖音自然 #粉丝一千万[Z/OL].（2021-12-11）[2023-02-08]. https://www.douyin.com/video/7040323757025561890.
· 董义，2020. 金川县发现二级保护动物—水獭[EB/OL].（2020–06-24）[2023-02-08]. https://www.sohu.com/a/403860031_115960.
· 段成式，2017. 酉阳杂俎[M]. 北京：中华书局.
· 法制现场，2022. "呆萌"水獭被困河中，饶河男子热心救助水獭救助动物[EB/OL].（2022-11-04）[2023-02-08]. https://quanmin.baidu.com/sv?source=share-h5&pd=qm_share_search&vid=7016828024634381823.
· 范晔，2007. 后汉书[M]. 北京：中华书局.
· 范宇斌，姚天，张笑川雨，2021. 3只国家二级重点保护野生动物水獭现身浙江温岭沿海[EB/OL].（2021-09-27）[2023-02-08]. https://www.chinanews.com.cn/sh/2021/09-27/9574959.shtml.
· 冯梦龙，1995. 古今谭概[M]. 天津：天津古籍出版社.
· 付成双，2016. 动物改变世界：海狸、毛皮贸易与北美开发[M].北京：北京大学出版社.
· 盖晓宇，2022. 珲春边境管理大队马川子边境派出所救助国家二级保护动物野生水獭[EB/OL].（2022-05-20）[2023-02-08]. https://mp.weixin.qq.com/s?__biz=MzA5MTQyODMzMQ==&mid=2651014901&idx=5&sn=55c51fa450ff41f4e9e825da43b6da63&chksm=8b8b6271bcfceb677fadec89edbfde5a43db6395531c466e7d86a09d6f36ac588b11b4461bb1&scene=27.
· 甘孜文旅，2021. 甘孜石渠县真达乡，两只水獭悠闲地在冰河上"漫步"[EB/OL].（2021-03-04）[2022-05-06]. https://weibo.com/2014827750/K4BP8ghfr.
· 干宝，2019. 搜神记[M]. 西安：三秦出版社.
· 高升，孙宏廷，张可佳，2023. 滇西边境查获贩卖虎皮、水獭皮案[EB/OL].（2006-11-04）[2023-02-08]. http://zqb.cyol.com/content/2006/11/04/content_1562621.htm.
· 高旭龙，李娜，房继荣，2014. 民国时期拉卜楞地区回商贸易交往刍议[J]. 青海民族大学学报（社会科学版），40（2）：123-129.
· 高耀亭，1987. 中国动物志兽纲：第八卷食肉目[M]. 北京：科学出版社.
· 高诱，2014. 吕氏春秋[M].上海：上海古籍出版社.
· 根河TV，2017. 根河市郊惊现受伤水獭市民热心救助[EB/OL].（2017-02-17）[2023-02-28]. https://mp.weixin.qq.com/s/1x3uDou1wFRVaw7jE0feMw.
· 龚炜，1981.巢林笔谈[M]. 北京：中华书局.

- 郭声波，1993. 四川历史农业地理[M]. 成都：四川人民出版社.
- 郭文场，杨智奎，1964. 冬季活捕水獭的方法[J]. 动物学杂志，3：142.
- 郭卫岩，于洪学，高健，2019. 美丽的草原我的家·微视频|我是水獭，我到家了[N/OL]. （2019-04-05）[2023-02-08]. http://www.hlbrdaily.com.cn/news/132/html/280143.html.
- 国家统计局贸易物资统计司，全国供销合作社总社理事会办公室，1989. 中国供销合作社统计资料1949-1988[M]. 北京：中国统计出版社.
- 哈尔滨新闻网，2020. 市民在公园拍到二级保护动物"水獭"？[EB/OL]. （2020-04-30）[2023-02-08]. https://www.sohu.com/a/392181950_349336.
- 海峡都市报，2021. 惋惜！福州市中心惊现水獭，却已死亡[EB/OL]. （2021-03-01）[2023-02-08]. http://fj.sina.com.cn/news/b/2021-03-01/detail-ikftssap9367517.shtml?from=fj_ydph.
- 韩雪松，董正一，赵格，等，2021. 基于视频监控系统的欧亚水獭活动节律初报及红外相机监测效果评估[J]. 生物多样性，29（6）：770-779.
- 何和明，雷君，1996. 毛皮珍兽水獭[J]. 云南林业，04：23-23.
- 何军，马乐宽，王东，等，2017. 落实《水十条》的施工图：《重点流域水污染防治规划（2016—2020年）》[J]. 环境保护，45(21)：7-10.
- 和太阳的对话，2021. 青海省班玛县红军沟，当地老乡拍到一只水獭正在捕鱼吃[Z/OL]. （2021-07-02）[2023-02-08]. https://www.douyin.com/video/6980275697193471247.
- 贺廷超，李耕冬，1986. 彝医动物药[M]. 成都，四川民族出版社.
- 黑河市公安局，2022. 逊克县公安局新鄂派出所养了个"毛茸茸"小可爱[EB/OL]. （2022-12-07）[2023-02-08]. https://mp.weixin.qq.com/s/8Ho0U3v6xqQXPFhPcxyguA.
- 胡爱平，1986. 防治水獭的经验（二则）[J]. 水利渔业，（03）：48-49.
- 胡贵军，薛鑫，2016. 佛坪群众野外发现陌生动物专家鉴定为野生水獭[EB/OL]. （2016-07-13）[2023-02-08]. http://jiangsu.china.com.cn/html/2016/sxnews_0713/6427257.html.
- 胡远航，2019. 独龙江重现珍稀动物水獭踪迹[EB/OL]. （2019-01-16）[2023-02-08]. http://news.sznews.com/content/2019-01/16/content_21353555.htm.
- 胡宗宪，武进，薛应旂，1991. 浙江通志[M]. 上海：上海古籍出版社.
- 湖南省地方志编纂委员会，2005. 湖南省志：林业志：1978—2002[M]. 北京：五洲传播出版社.
- 华荣宝，邹永照，2022. 惊心动魄！安康旬阳桐木镇村民偶然拍到水獭盗鸭场面[EB/OL]. （2022-09-03）[2023-02-08]. http://news.cnwest.com/dishi/a/2022/09/03/20878490.html.
- 华彦，张伟，黄秋香，2010. 动物毛皮文化与裘皮利用的关系[J]. 中国皮革，39（7）：25-27.
- 桓宽，1974. 盐铁论[M]. 上海：上海人民出版社.
- 黄传景，2005. 利用排遗DNA标定法探讨金门地区水獭之族群遗传结构与雌雄播迁模式之差异[D]. 台北：台湾大学分子与细胞生物学研究所.
- 黄达远，2005. 晚清新疆城镇近代化初探[J]. 西域研究，3: 101-106.

- 黄仲昭，2017. 八闽通志(修订本)[M]. 福州：福建人民出版社.
- 珲春融媒，2022. 野生水獭意外中毒，警民联手及时救助[EB/OL]. （2022-06-24）[2023-02-08]. https://mp.weixin.qq.com/s?__biz=MzA3NDQzNDUyOA==&mid=2651317739&idx=5&sn=9bae1 f8ea73a4c38c83fffe1be793707&chksm=848c9764b3fb1e72ea36679a99e4bd47733c31dcd5ac0f 7ecb6288b07dcfde6ee4cfdc83ad0a&scene=27.
- 吉林省地方志编纂委员会, 1994. 吉林省：志林业志[M]. 长春: 吉林人民出版社.
- 嘉绒·自由如风，2021. 周末晚间散步，极寒之地发现水獭？请各位指教[Z/OL]. （2021-01-15）[2023-02-08]. https://www.douyin.com/video/6917961360936684813.
- 贾振虎，吴应建，张建军，等，2002. 历山自然保护区水獭生态的研究[J]. 山西林业科技，2：28-30.
- 江西省林业志编辑委员会，1999. 江西省：志林业志[M]. 合肥: 黄山书社.
- 姜鸿，2021. 中国对外贸易与野生动物资源的开发利用 (1949—1966)[D]. 上海：华东师范大学.
- 经典传奇，2020. 恐怖 "水怪" 终于落网，让村民们谈之色变的落水鬼，竟是一只水獭[Z/OL]. （2020–08-08）[2023-02-08]. https://v.qq.com/x/page/a3131d28xex.html.
- 康巴传媒，2022. 得荣县定曲河，惊现小小 "水质检测员" [EB/OL]. （2022-03-22）[2023-02-08]. https://baijiahao.baidu.com/s?id=1728132884725276532&wfr=spider&for=pc.
- 柯劭忞，2017. 新元史[M]. 上海：上海古籍出版社.
- 寇宗奭，2012. 本草衍义[M]. 北京：中国医药科技出版社.
- 赖慧敏，2019. 清代乌梁海的贡貂与商贸活动[J]. 吉林师范大学学报（人文社会科学版），4. 9-17.
- 赖慧敏，王仕铭，2013. 清中叶迄民初的毛皮贸易与京城消费[J]. 故宫学术季刊，31（2）：139-178.
- 雷伟，2009. 海南岛水獭的地理分布及影响因子研究[D]. 海口：海南师范大学.
- 雷伟，李玉春，2008. 水獭的研究与保护现状[J]. 生物学杂志，25：47-50.
- 黎德武，薛慕光，刘年瑾，1963. 湖北省毛皮兽的初步调查报告[J]. 华中师范大学学报（人文社会科学版），5：231-239.
- 李德裕，1996. 食货论[M] //王水照. 传世藏书集库总集 7-12 全唐文 1-6[M]. 海口：海南国际新闻出版中心.
- 李飞，吴明，2005. 水獭作客涡阳[EB/OL]. （2005-11-21）[2023-02-08]. https://news.sina.com.cn/c/2005-11-21/01587491579s.shtml.
- 李飞，郑玺，张华荣，等，2017. 广东省珠海市近海诸岛水獭现状与保护建议[J]. 生物多样性，25（8）：840-846.
- 李晶川，徐娅，陈龙辉，等，2020. 珍稀物种欧亚水獭再现深圳[EB/OL]. （2020-10-30）[2023-02-08]. http://sz.people.com.cn/n2/2020/1030/c202846-34383837.html.
- 李军，2022. 三江源地区黄河流域：欧亚水獭觅食嬉戏[EB/OL]. （2022-02-01）[2023-02-08].

https://www.qhlingwang.com/shipin/xw/2022-02-01/499540.html.

- 李时珍，2005. 本草纲目[M]. 北京：人民卫生出版社.
- 李树荣，李莲军，李世宗，等，1996. 水獭的棘颚口线虫幼虫形态观察. 中国兽医寄生虫病，4（2）：68-69.
- 李翔，欧阳成，2022. 非法收购出售7只水獭获刑6年6个月[EB/OL]. （2022–04-10）[2023-02-08]. https://www.hunantoday.cn/news/xhn/202004/15050791.html.
- 李晓坤，1996. 水獭的人工养殖[J]. 饲料研究，8：29-30.
- 李璇，2020. 独龙江的小水獭又出来卖萌啦[EB/OL]. （2020-11-23）[2023-02-08]. https://mp.weixin.qq.com/s?__biz=MzA5MzE1ODczNQ==&mid=2649957800&idx=3&sn=285517cd36857a57cb2485bee170b9be&source=41#wechat_redirect.
- 李延寿，1975. 南史[M]. 北京：中华书局.
- 李英杰，2015. 1970年代官厅水库污染事件的历史考察[D]. 北京：中共中央党校.
- 梁惠娥，2016. 近代中原地区汉族服饰文化流变与其现代传播研究[D]. 无锡：江南大学.
- 梁立佳，2016. 近代美国对华毛皮贸易问题初探[J]. 北华大学学报（社会科学版），17（1）：87-90.
- 辽宁省地方志编纂委员会, 1999. 辽宁省志供销合作社志[M]. 沈阳: 辽宁科学技术出版社.
- 廖军，2019. 中国首次！水獭重返老河沟[EB/OL]. （2019-04-03）[2023-02-08]. https://mp.weixin.qq.com/s/VB51QRSJJczZSt-kJsRtQA.
- 廖开燧，1959. 麻阳县怎样饲养水獭[J]. 中国畜牧杂志，8：252-239.
- 林良恭，2016. 指标物种栖地环境改善、营造及监测评估-欧亚水獭（1/2）[R]. 金门：金门公园管理处.
- 林良恭，2017. 指标物种栖地环境改善、营造及监测评估-欧亚水獭（2/2）[R]. 金门：金门公园管理处.
- 林思文，2017. 平江放生一只国家二级保护动物野生水獭[EB/OL]. （2017–02-17）[2023-02-08]. https://hn.rednet.cn/c/2017/02/17/4215100.htm.
- 林振康，1990. 进口水獭皮发现大量白腹皮蠹[J]. 植物检疫，4（2）：237.
- 刘安，2007.淮南子[M].重庆：重庆出版社.
- 刘敦愿，1985. 中国古代关于水獭的认识与利用[J]. 农业考古，2：171-171.
- 刘琪琳，余敏，2022. 水獭上门"做客"民警帮其回家[EB/OL]. （2022-03-14）[2023-02-08]. http://dhnews.zjol.com.cn/jinridinghai/minshengzonghe/202203/t20220314_5727595.shtml.
- 刘世哲，1984. 明代女真物产输入几种[J]. 北方文物，4:30-35.
- 刘婷，辜子琦，刘向翼，2020. 蔡甸村民捕获一只神秘动物，后来……[EB/OL]. （2020-12-15）[2023-02-08]. https://mp.weixin.qq.com/s/ZKZVAebIE5pW2KnNV5YTPQ.
- 刘洋，刘少英，孙治宇，等，2007. 四川海子山自然保护区兽类资源调查初报[J]. 四川动物，26

（4）：846-851.
- 刘自兵，2013. 中国古代对水獭的认识与利用[J]. 三峡论坛（三峡文学·理论版），3：37-41.
- 龙头新闻，2022. 民警偶遇"憨憨"水獭在冰面"遛弯"[Z/OL]. （2022-03-31）[2023-02-08]. https://www.douyin.com/video/7081091677628271886.
- 娄元礼，1976. 田家五行[M]. 北京：中华书局.
- 卢清艳，康彭，2019. 佛坪护林员野外偶遇两只国家二级保护动物水獭[EB/OL]. （2019-12-05）[2023-02-08]. https://www.sohu.com/a/358561829_120055602.
- 陆佃，2008. 埤雅[M]. 杭州：浙江大学出版社.
- 陆亭林，1935. 青海毛皮事业之研究[J]. 拓荒，3（1）：21-23.
- 陆孝平，富曾慈，2010. 中国主要江河水系要览[M]. 北京：中国水利水电出版社.
- 罗敏，2020. 四川警方破获跨省野生动物买卖案，解救水獭等多只国家保护动物[EB/OL]. （2020-07-29）[2023-02-08]. http://news.chengdu.cn/2020/0729/2140194.shtml.
- 罗云鹏，2017. 澜沧江源区频现欧亚水獭生态系统完整[EB/OL]. （2017-10-09）[2023-02-08]. https://paper.sciencenet.cn/htmlnews/2017/10/390394.shtm.
- 吕江，杨立，杨蕾，等，2018. 中国东北地区水獭种群潜在分布区的预测[J]. 福建农林大学学报（自然科学版），47：473-479.
- 吕耀平，王凯伟，黄淑红，2001. 丽水市水生野生保护动物的历史变迁与现状[J]. 水产学杂志，14（2）：40-46.
- 马军，2001. 中国水危机[M]. 北京：中国环境科学出版社.
- 孟子，2010. 孟子[M]. 北京：中华书局.
- 尼公，兰珍，2021. 罕见！色达境内拍到小爪水獭进食画面[EB/OL]. （2021-01-18）[2023-02-08]. http://sc.sina.com.cn/news/m/2021-01-18/detail-ikftpnnx8519394.shtml?from=sc_cnxh.
- 年保玉则生态环境保护协会，2019. 年保玉则的水獭调查和保护[R]. 果洛藏族自治州：年保玉则生态环境保护协会.
- 怒江州林业和草原局，2020. 独龙江连续两年观测到水獭生态保护成效显著[EB/OL]. （2020-03-17）[2023-02-08]. https://www.nujiang.gov.cn/xxgk/015279278/info/2020-135122.html.
- 潘不白，2021. 明天咱们去找它，水獭也是鼬科动物，很凶猛的[Z/OL]. （2021-12-25）[2023-02-08]. https://www.douyin.com/video/7045300964445801760.
- 朴正吉，睢亚橙，王群，等，2011. 长白山自然保护区水獭种群数量变动与资源保护[J]. 水生态学杂志，32（02）：115-120.
- 钱泳，1997. 履园丛话[M]. 北京：中华书局.
- 青海网络广播电视台，2019. 第8集 | #野生动物近日有网友在#青海 #果洛江壤沟，用镜头捕获到一个萌物—水獭，是不是又萌又可爱！[Z/OL]. （2019-12-16）[2023-02-08]. https://www.douyin.com/video/6770991613683436807.

- 卿建华，1979. 采取有效措施保护珍希动物资源[J]. 野生动物学报，1：53-54.
- 人民网，2020. 江苏盐城：首次在盐渎公园发现国家二级保护动物水獭[EB/OL]. （2020-04-27）[2023-02-08]. http://vip.people.com.cn/albumsDetail?aid=1322028.
- 仟锦海，张跃，出塔，等，2020. 基于红外相机技术对九寨沟湿地保护区水獭夏秋季活动的初步研究[J]. 湿地科学与管理，16（2）：57-60.
- 润心诵读，2021. 90后贩卖水獭、金猫、长臂猿一审获刑7年[EB/OL]. （2021–05-21）[2023-02-08]. https://baijiahao.baidu.com/s?id=1700303780602441032&wfr=spider&for=pc.
- 色达县融媒体中心，2022. 三只水獭同框现身色曲河畔！嬉戏打闹憨态可掬[EB/OL]. （2022-12-20）[2023-02-08]. https://mp.weixin.qq.com/s/rIb-S_VsqX2nF7OjokL3Fg.
- 陕西省地方志编纂委员会，1996. 陕西省志：林业志[M]. 北京: 中国林业出版社.
- 商鞅，2017. 商君书[M]. 北京：北京联合出版公司.
- 上虞公安，2022. 谢塘镇池塘惊现"水鬼"，没想到竟是只"小国宝"！[EB/OL]. （2022-06-08）[2023-02-08]. https://mp.weixin.qq.com/s/Usl1t7Nt9KxE8z5SKT8EgA.
- 邵阳微报，2021. 新宁这里发现"怪物"，竟是国家保护动物水獭，你见过吗？别乱抓[EB/OL]. （2021-06-03）[2023-02-08]. https://baijiahao.baidu.com/s?id=1701505238866067367&wfr=spider&for=pc.
- 邵曰派，2020. 云南太阳河省级自然保护区哺乳动物多样性、分布及活动节律[D]. 昆明：云南师范大学.
- 史国强，郭艳双，罗玉梅，等，2021. 吉林长白山地区水獭春季岸上活动节律[J]. 野生动物，42（3）：693-699.
- 寿振黄，1955. 中国毛皮兽的地理分布[J]. 地理学报，21：405-421.
- 司马光，2011. 资治通鉴[M]. 北京：中华书局.
- 司马迁，2006. 史记[M]. 北京：中华书局.
- 宋濂，赵埙，王祎，1976. 元史[M]. 北京：中华书局.
- 宋应星，2002.天工开物[M]. 长沙：岳麓书社.
- 宋志明，冯永秀，1960. 甘肃南部水獭（*Lutra lutra*）调查报告[J]. 兰州大学学报（自然科学版），1960，1：133-138.
- 苏煜晗，叶明天，2019. 我区大王殿村发现多只水獭系国家二级保护动物[EB/OL]. （2019-09-24）[2023-02-08]. http://www.dtxw.cn/system/2019/09/24/013612211.shtml.
- 苏忠国，2017. 泸州市民拍摄到神秘动物网友称：疑似"水獭"[EB/OL]. （2017-10-25）[2023-02-08]. https://cbgc.scol.com.cn/home/63025.
- 孙昊，2019. 野生大家庭沸腾小北湖[N/OL]. [2023-02-08]. http://epaper.hljnews.cn/hljrb/20190819/436014.html.
- 孙燕生，1991. 水鸟和水獭对水库鱼类资源的危害及捕杀方法的研究[J]. 渔业研究，3：49-56.

- 台海网，2019. 58年来首次！福州西湖发现小水獭[EB/OL].（2019-03-15）[2023-02-08]. http://www.taihainet.com/news/fujian/szjj/2019-03-15/2244489.html.
- 唐慎微，2011. 证类本草[M]. 北京：中国医药科技出版社.
- 唐卓，张凤，明杰，等，2019. 四川卧龙国家级自然保护区水獭快速调查报告[J]. 四川林勘设计，3：23-26.
- 陶弘景，1986. 名医别录[M]. 北京：人民卫生出版社.
- 田昊文，2022. 实拍！红外相机监测到水獭水獭面对镜头"起舞卖萌"毫不胆怯[EB/OL].（2022-01-19）[2023-02-08]. https://www.bjnews.com.cn/detail/164259038514220.html.
- 童梦宁，2016. 江西武夷山保护区原始性环境保存良好[EB/OL].（2016-11-09）[2023-02-08]. https://www.jxnews.com.cn/jxrb/system/2016/11/09/015365826.shtml.
- 图登华旦，2016. 三江源达日县首次拍到喜马拉雅水獭[EB/OL].（2016-03-29）[2023-02-08]. http://www.qinghai.gov.cn/ztzl/system/2016/03/29/010209692.shtml.
- 脱脱，1974. 辽史[M]. 北京：中华书局.
- 王嘉，2022. 拾遗记[M]. 北京：中华书局.
- 王建，蔡鹏，2016. 微波消解-ICP-OES法测定水獭肝中的铁、锌、铜和镁含量[J]. 西北药学杂志，31（3）：248-250.
- 王建和，2022. 欧亚水獭观察记[EB/OL].（2022-03-21）[2023-02-08]. https://mp.weixin.qq.com/s?__biz=MzA4MDU4NTQyMg==&mid=2653728979&idx=2&sn=4a1d97675e867e2549882ca2458eb82f&chksm=8479e772b30e6e6430e314fad8645ea82f6339039051dd4ba5d676eac05fd3c540e98e4c7403&scene=27.
- 王晋朝，2020. 九寨沟火花海拍到小水獭[EB/OL].（2020-11-09）[2023-02-08]. https://weibo.com/6027168011/Jt4yJonam.
- 王靖生，杨建伟，2021. 看！水獭捕食！[EB/OL].（2021-03-23）[2023-02-08]. https://sdxw.iqilu.com/share/YS0yMS03NjI0MDM3.html.
- 王士祯，1997. 池北偶谈[M]. 北京：中华书局.
- 王勇军，常弘，1999. 广东内伶仃岛兽类资源与保护[J]. 生态科学，18（04）：20-24.
- 微甘孜，2022. 雅砻江里"泡澡"的这只国家二级保护动物有点"皮"[N/OL].（2022-10-10）[2023-02-08]. https://3g.163.com/dy/article/HJB4UQTC0514CC6P.html?spss=adap_pc.
- 微壤塘，2021. 罕见！壤塘发现了一群可爱水獭[Z/OL].（2021-11-15）[2023-02-08]. https://www.douyin.com/video/7030730347520331045.
- 魏建林，刘彦谷，2019. 中国首次！国际水獭研讨培训交流会在唐家河开幕[EB/OL].（2019-04-19）[2023-02-08]. https://www.thecover.cn/news/1876469.
- 温梦煜，2012. 藏族食鱼规避的成因与演变[D]. 兰州：兰州大学.
- 翁履平，2022. 舟山一居民家溜进一只呆萌动物，原来是水獭[EB/OL].（2022-03-09）[2023-02-

08]. https://new.qq.com/rain/a/20220309A06G4X00.

· 邬家林，1998. 水獭、滨獭与山獭的草本考证[J]. 中药材，21（3）：153-155.

· 邬家林，邓正己，1988. 水獭肝及其混淆品的鉴别研究[J]. 中药通报，13（5）：8-13.

· 吴舜泽，王东，马乐宽，等，2015. 向水污染宣战的行动纲领——《水污染防治行动计划》解读 [J].
环境保护，（9）：14-18.

· 五林洞田野，2022. 水獭的腿特别的短在雪地上走路会拖出一条沟[Z/OL].（2022-02-19）[2023-
02-08]. https://www.douyin.com/video/7066177184079121695?modeFrom=userPost&secUid=
MS4wLjABAAAA4jTVfJNCyRVrayj77OBJypcwr9JoqswcDb7m9_wCZqA.

· 武进热点，2016. 礼嘉：村民抓到"水獭野猫"[EB/OL].（2016-07-28）[2023-02-08]. http://
www.wjyanghu.com/yhw/hotspot/lxbbt/2016-07-28/12616.html.

· 武仙竹，刘武，高星，等，2006. 湖北郧西黄龙洞更新世晚期古人类遗址[J]. 科学通报，51
（16）:7.

· 夏武平，张洁，1993. 人类活动影响下兽类的演变[M]. 北京: 中国科学技术出版社.

· 向长兴，1965. 利用活鱼诱捕水獭[J]. 动物学杂志，3：192.

· 萧爽，1997. 永宪录[M]. 北京：中华书局.

· 肖前柱，1980. 关于野生动物保护与利用的几个问题[J].野生动物保护用，(01):1-3.

· 肖前柱，马逸清，季达明，等，1981. 保护野生动物紧急呼吁书[J]. 野生动物学报，4：62.

· 谢炳庚，李晓青，1991. 湖南省野生动物资源及其利用[J]. 国土与自然资源研究，3：53-56.

· 谢健，2017. 帝国之裘：山珍，禁地以及清代统治的自然边缘[M].北京：北京大学出版社.

· 新京报·我们视频，2022. 大兴安岭现野生水獭游泳林场管护员：生态环境越来越好了[EB/OL].
（2022-05-06）[2023-02-28]. https://view.inews.qq.com/a/90RBMAI7T258G0K7100?jumpType
=1&topicId=788023.

· 邢湘臣，1965. 用水獭捕鱼[J]. 动物学杂志，2：91.

· 熊建新，1986. 怎样捕除水獭[J]. 中国水产，（06）：24.

· 熊玺，2022. 长安民警帮助水獭"回家"[EB/OL].（2022-08-26）[2023-02-08]. https://baijiahao.
baidu.com/s?id=1742212829376928551&wfr=spider&for=pc.

· 徐龙辉，1984. 中国水獭种类及资源保护[J]. 野生动物学报，（03）：9-11.

· 徐龙辉，刘振河，廖维平，1983. 海南岛的鸟兽[M]. 北京：科学出版社.

· 徐敏，张涛，王东，等，2019. 中国水污染防治40年回顾与展望[J]. 中国环境管理，11（3）：65-
71.

· 许家权，2020. 狗獾、乌梢蛇、水獭……合肥这个地方野生动物出没，警方教你如何应对[EB/OL].
（2020-10-09）[2023-02-08]. http://www.wehefei.com/news/2020/10/09/c_301188.htm.

· 许叔微，2007.普济本事方[M]. 北京：中国中医药出版社.

· 雪域醉翁，2022. 长白山下，黑河林场拍到的水獭！又一靓丽的风景！老羊疫情期间被困黑河林场，拍到的珍贵瞬间！老羊摄影醉翁制作！[Z/OL]．（2022-04-12）［2023-02-08］. https://www.douyin.com/video/7085458333112519975.

· 央视网，2014. [今晚20分]小清河边惊现奇怪动物村民怀疑是水獭[EB/OL]．（2014-10-13）[2023-02-08]. https://news.cctv.com/2014/10/13/VIDE1413139440329641.shtml.

· 央视网，2018. [新闻直播间]甘肃文县多年难觅踪影水獭重现白水江[Z/OL]．（2018-04-04）[2023-02-08]. https://tv.cctv.com/2018/04/04/VIDE6gbwqBZhP0Nrv6hVEBXM180404.shtml.

· 央视网，2020. [新闻直播间]青海玉树水獭被困城区河道森林公安成功救助[Z/OL]．（2020-02-19）[2023-02-08]. https://tv.cctv.com/2020/02/19/VIDEa7JH7Fo3lmNcRyTAbcCU200219.shtml.

· 央视网，2022. [共同关注]内蒙古根河水獭一路狂奔寻找避险洞口[Z/OL]．（2022-01-07）[2023-02-08]. https://tv.cctv.com/2022/01/07/VIDEFnIa1rrEeSzwUHmVNViy220107.shtml.

· 杨朝辉，李光容，张明明，2019. 贵州黄牯山自然保护区兽类多样性及特征分析.南方农业学报，50（11）:2567-2575

· 杨朝霞，2022. 中国环境立法50年：从环境法1.0到3.0的代际进化[J]. 北京理工大学学报（社会科学版），24（3）：88-107.

· 杨大荒，1934. 东北的毛皮交易[J]. 青岛工商季刊，2（4）：138-139.

· 杨戈，2018. 小爪水獭的饲养管理与疾病的预防[J]. 绿色科技，10：36-37.

· 杨天智，2022. 有水獭现身的广州南沙湿地：为越冬候鸟打造"三室一厅"驿站[EB/OL]．（2022-11-01）[2023-02-08]. https://view.inews.qq.com/a/20221101A02HTF00?refer=wx_hot.

· 杨之洲，2020. 周行村民捡到超萌"水獭"！[EB/OL]．（2020-04-01）[2023-02-08]. https://page.om.qq.com/page/O3CeLihHsuL1wc39Eaj8VBlg0.

· 姚廷遴，1982. 历年记[M]//上海人民出版社.清代日记汇抄.上海：上海人民出版社.

· 姚永超，2015. 奢华的背后：论近代东北大开发后的毛皮贸易[J]. 民国档案，3：102-110.

· 叶尔莫拉耶夫AH,彼得罗夫AЮ，张广翔，等，2018. 俄美公司与中国的贸易往来[J]. 北方论丛，270（4）：29-37.

· 易立权，2013. 北湖鸟乐园两只水獭"隐居"十余年[EB/OL]．（2013-08-06）[2023-02-08]. https://nanchong.scol.com.cn/sh/content/2013/08/16/content_51425995.htm.

· 叶梦珠，1981. 阅世编[M]. 上海：上海古籍出版社.

· 佚名，1926. 东三省之皮毛业[J]. 江苏实业月志，3: 93.

· 佚名，1928. "北满"出产之各种皮货统计[J]. 银行月刊，8(11): 44.

· 佚名，1929. 三姓皮货出产最近调查[N]. 益世报(天津版), 1929-03-24(13).

· 佚名，1962. 宋大诏令集[M]. 北京：中华书局.

· 佚名，1987. "满洲"贸易详细统计[M]. 台北: 成文出版社.

· 佚名，1992. 圣济总录[M]. 北京：人民卫生出版社.

· 佚名，1997. 韩非子[M]. 沈阳：辽宁教育出版社.

- 佚名，1999. 兽经[M]//雒启坤，张彦修. 中华百科经典全书.西宁：青海人民出版社.
- 佚名，2001.当谱[M]//国家图书馆古籍文献丛刊. 中国古代当铺鉴定秘籍(清钞本). 北京：全国图书馆文献缩微复制中心.
- 佚名，2001. 当谱集[M]//国家图书馆古籍文献丛刊. 中国古代当铺鉴定秘籍(清钞本). 北京：全国图书馆文献缩微复制中心.
- 佚名，2001. 论皮衣粗细毛法[M]//国家图书馆古籍文献丛刊. 中国古代当铺鉴定秘籍(清钞本). 北京：全国图书馆文献缩微复制中心.
- 佚名，2006.诗经[M]. 北京：北京出版社.
- 佚名，2006. 文子·上仁[M]//陈梦雷，蒋廷锡. 钦定古今图书集成：博物汇编：禽虫典：第七十九卷.济南：齐鲁书社.
- 佚名，2021. 逸周书[M]. 杭州：浙江大学出版社.
- 引力播，2020. 路边惊现受伤小萌物，竟是国家二级保护动物水獭[EB/OL].（2020–08-21）[2023-02-08]. http://news.jstv.com/a/20200821/1597990850906.shtml.
- 永超，2022. 水獭：长白山的水中"顶级捕手"[EB/OL].（2022-04-06）[2023-02-08]. https://new.qq.com/rain/a/20220416A05BAQ00
- 永瑢，纪昀，2003. 四库全书[M].北京：中华书局.
- 于焕宸，1956. 生产更多更好的畜产品支援国家建设[M]. 北京: 中国财政经济出版社.
- 于江艳，2017. 白沙湖景区水獭芦苇边"洗脸"萌萌哒[EB/OL].（2017-04-26）[2023-02-08]. https://china.huanqiu.com/article/9CaKrnK2eEz.
- 于长海，2022. 我头一次拍到【水獭】如此的可爱#神奇动物在抖音[Z/OL].（2022-04-14）[2023-02-08]. https://www.douyin.com/video/7086466251907730721.
- 鱼豢，[1901]. 魏略辑本[M]. [2023-02-08]. https://www.zhonghuashu.com/wiki/%E9%AD%8F%E7%95%A5%E8%BC%AF%E6%9C%AC.
- 宇文懋昭，1992. 大金国志[M]. 新北：广文书局.
- 曾威智，2008. 宋代毛皮贸易[D]. 台北：中国文化大学史学研究所.
- 詹绍琛，1985. 福建省的毛皮兽资源初步调查[J]. 武夷科学，5：189-195.
- 张波，2011. 遇险获救露真容珍贵野生水獭再现秦岭[EB/OL].（2011-05-19）[2023-02-08]. http://www.kjw.cc/2011/05/19/22134.html.
- 张超，陈敏豪，杨立，等，2022. 东北地区水獭分布格局与保护优先区识别[J]. 生物多样性，30：21157.
- 张岱，2020. 夜航船[M]. 杭州：浙江古籍出版社.
- 张方林，1993. 水獭破伤风病例[J]. 中国兽医杂志，19（11）：39.
- 张方林，文传良，龚向东，1991. 调痢生治疗水獭急性出血性胃肠炎的报告（摘要）[J]. 中国微生态学杂志，2：41.

- 张晶，2012. 中国水环境保护中长期战略研究[D]. 北京：中国科学院大学.
- 张廖年鸿，2022. 金门欧亚水獭亲缘谱系及族群动态研究（3/3）[R]. 金门：金门公园管理处.
- 张璐，1996. 本经逢原[M]. 北京：中国中医药出版社.
- 张荣祖，1997. 中国哺乳动物分布[M]. 北京：中国林业出版社.
- 张宿宗，1994. 话说水獭[J]. 学习月刊，10：34-35.
- 张天姝，2019. 救助两只国家二级保护野生动物[EB/OL]. （2019-07-25）[2023-02-08]. http://www.ybrbnews.cn/ynews/content/2019/07/25/142_366016.html.
- 张伟，刘思标，1994. 水獭针毛形态结构的稳定性与变异性的系统研究[J]. 野生动物学报，2：35-38.
- 张玮，李晓斌，2022. 萌！看野生水獭闹冰河[EB/OL]. （2022-12-08）[2023-02-08]. https://www.chinanews.com/sh/shipin/cns-d/2022/12-08/news945311.shtml.
- 张玮，王秀凤，包宝音巴图，2021. 罕见！水獭白天出动寻找干草 [EB/OL]. （2021-01-26）[2023-02-08]. http://www.hi.chinanews.com.cn/hnnew/2021-01-26/4_131671.html.
- 张玮，张旭，于洪学，等，2023. 世界珍贵毛皮动物水獭"定居"内蒙古[EB/OL]. （2019-03-29）[2023-02-08]. https://baijiahao.baidu.com/s?id=1629337669653683900&wfr=spider&for=pc.
- 张燮，2000. 东西洋考[M]//黄省曾，张燮. 西洋朝贡典录校注东西洋考. 北京：中华书局.
- 张新球，1995. 积极发展水獭支援国家外贸出口[J]. 中国土特产，5：17.
- 张智超，2021. 天津毛皮贸易研究[D]. 保定：河北大学.
- 张篿，2018. 朝野佥载辑校[M]. 济南：山东人民出版社.
- 赵尔巽，1998. 清史稿[M]. 北京：中华书局.
- 赵凯辉，周文良，刘小斌，等，2018. 秦岭细鳞鲑的引入导致秦岭南坡欧亚水獭营养级联的改变[J]. 贵州师范大学学报（自然科学版），36：45-51，76.
- 赵玉灵，2010. 珠江口地区近30年海岸线与红树林湿地遥感动态监测[J]. 国土资源遥感，86：178-184.
- 郑策，张旭，全颖，等，2013. 中国毛皮产业发展历程与现状分析. 特产研究，3：65-69.
- 郑麟趾，2014. 高丽史[M]. 重庆：西南师范大学出版社.
- 郑晓晔，2021. 暖心！受伤林鸮得救助[EB/OL]. （2021-03-11）[2023-02-08]. https://www.163.com/dy/article/G4PQNHK005348UK2.html.
- 舟山市海洋与渔业局，2021. 市海洋与渔业局救助国家二级保护动物——水獭[EB/OL]. （2021-07-15）[2023-02-08]. http://xxgk.zhoushan.gov.cn/art/2021/7/15/art_1229289742_3665125.html.
- 《中国河湖大典》编纂委员会，中国河湖大典[M]. 北京：中国水利水电出版社.
- 周立华，刘洋，2021. 中国生态建设回顾与展望[J]. 生态学报，41（8）：3306-3314.
- 周锡松，1996. 遭水獭猫抓伤染狂犬病身亡[J]. 现代预防医学，23（3）：184.
- 周喜峰，2020. 清代黑龙江地区的边民姓长制与贡貂赏乌绫[J]. 奋斗，(2):72-73.

· 周湘，2000a. 清代毛皮贸易中的广州与恰克图[J]. 中山大学学报论丛（社会科学版），20（3）：85-94.

· 周湘，2000b. 夷务与商务——以广州口岸毛皮禁运事件为例[J]. 中山大学学报:社会科学版，40（2）:85-91.

· 周者军，刘二银，2017. 文县白水江重现水獭身影[EB/OL]. （2017-12-25）[2023-02-08]. http://www.chinalxnet.com/mobile/show/id/16524.html.

· 朱曦，曹炜斌，王军，2010. 舟山普陀山岛兽类区系及分布[J]. 浙江林学院学报，27（1）：110-115.

· 诸葛阳，1982. 浙江省毛皮兽的分布和资源利用[J]. 浙江大学学报（理学版），9（4）：113-120.

· 袾宏，2011. 莲池大师全集[M]. 北京：华夏出版社.

· 邹大鹏，2013. 黑龙江边防查获走私巨量珍稀动物制品案[EB/OL]. （2013-04-12）[2023-02-08]. https://www.163.com/news/article/8S88B63700014AED.html.

· 邹发生，叶冠锋，2016. 广东陆生脊椎动物分布名录[M]. 广州：广东科技出版社.

· 左漫，2014. 旬阳县气象局：救助国家二级野生保护动物水獭一只[EB/OL]. （2014-11-10）[2023-02-08]. http://www.akxw.cn/news/xianqu/xunyang/143171.html.

· ♥♥♥（抖音视频发布者网名），2021. 文县的生态越来越好了，这是我在浜江大厦15楼发现的一只水獭正在江中里觅食，国家二级保动物，爱护动从我做起[Z/OL]. （2021-03-25）[2023-02-08]. https://www.douyin.com/video/6943590302192028941.